台灣竹圖鑑

作者序

小時候生活在新竹縣關西鎮的鄉間，宿舍後面就是國民學校，該校校園有兩段，上段是個大操場，操場邊是竹子與以龍眼樹為主的混合雜木林。想起孩提時代與竹子的接觸，大多是利用竹子中的觀音竹和火吹竹，我們常以火吹竹或桂竹製作水槍、竹馬、竹蜻蜓；把觀音竹竹稈製作成竹槍，並以朴樹果實為子彈，沒有朴樹果實時，改用軟紙浸水然後揉成小團粒當子彈，有時比朴樹果實還響、還痛。

外公在竹東有間桂竹竹材加工廠，主要的加工產品是竹籤，在尚未上國小、以及上國小之後的每年寒、暑假，我們全家會從石光或關西步行到竹東玩一段時間，那時最喜歡看工人鋸竹段、剖開竹子、劈竹籤、再用特製的小鉋刀把竹籤刨圓。回想過去，除了在唸大學時還曾鬧出採綠竹筍的笑話之外，孩童時採桂竹筍的趣味至今難忘。

長大唸高中以後，因暑假期間參加「軍中服務」，較有機會到縣內各地營區走動，也接觸到處處有竹的鄉間風光；大學畢業後服預官役，先在鳳山步校受訓，天天與南部一帶較普遍的大型叢生竹為伍，「不能一日不見此君」；及至退伍任職台灣省林業試驗所，更發現竹子的身影全臺到處都是。只是直到1979年得到農委會委託的計畫，正式踏入竹子的世界之前，從沒有想到過要去探索竹子的「真相」。自從開始研究孟宗竹林相改良、更新的方法之後，「不得不」隨時埋首翻找有關竹子的文獻，這才發現研究竹子只要植物學根基好，有植物遺傳學和森林生態學的概念即已足夠，並不需要高深的學問，很適合不學無術的著者本人，也才知道竹子的世界裡，「原來如此」竟是這麼多，奧妙無限，一頭鑽進去之後，竟也不能自拔，直到2000年屆齡退休，整整「著火入魔」了21年。現在也已知道小時候使用過的觀音竹原來就是蓬萊竹，火吹竹就是火廣竹。

由上述這段歷程，大致可以了解到，竹子實際上是到處「與你同在」，只是因為太過普遍、太容易看到、接觸到，甚至食用它的竹筍、利用它的竹材，反而容易被忽略，除非刻意去「鑽牛角尖」，有意去了解竹子，否則竹子對你永遠還是「竹子」而已。

在研究竹子的過程中，感覺到最為欠缺的就是竹類圖說之類，以及能夠讓人「看圖識竹」的文獻或是出版物，筆者本身並不是竹類分類學家，所以在碰到一些識別上的難題時，當然需要有圖說供為參考。以當時對台灣的竹類而

言，只有大師林維治先生在林業試驗所發表的幾本報告。筆者非常羨慕日本的竹類研究人員、對竹子有興趣的人士，能有那麼多精彩的竹類彩色圖誌，供他們去與竹子互相認識並且做朋友。

　　有感於此，筆者早在竹類研究期間，即已規劃「台灣竹類圖說」之類的書冊出版，無奈能力有限，一直拖延下來。屆齡退休之後，深知「餘年無多」，乃不辭拙劣，參照諸多先進之業績，加上筆者自身往年所拍的照片湊合成這本圖誌，希望能提供給對竹子有興趣的人士翻閱參考，更希望這本拙著能拋磚引玉，期望在不久的將來能看到更精美的圖冊出現，則愛竹人士幸甚，台灣竹產業幸甚！是所至望也。

　　本圖誌之能夠完成、付梓，首先要感謝前農業委員會森林科科長林文鎮博士，因為他在筆者獲得博士學位回國之後，交給筆者「孟宗竹林林相改良」計畫，筆者才有真正接觸竹子的機會，且讓筆者沉浸於竹子的世界至今欲罷不能；還有就是筆者的賢內助沈貴美女士，因為有她相夫教子，精明地處理家務，使筆者不但沒內顧之憂，而且經常關心撰寫工作的進度，才有今天本圖誌的誕生。最後，要感謝的是晨星事業群，因為他們找上筆者，本圖誌才得以有「見天」的一天，當然還有以前就職時共事過的伙伴們，對於這些人士，筆者在此一併由衷表示感謝之意。

呂錦明 謹識

序言

　　根據行政院農業委員會林務局（2000）的統計，台灣地區現有竹林面積為149,516公頃，占台灣林地面積2,101,719公頃之7.11%。另根據呂錦明（2001）之整理，台灣共有竹類84種，其中木本性竹類83種，有1種屬於草本性竹類，而台灣原產者僅24種。當然，由於國際間通商來往愈趨方便，各項物資、物種（包括竹類）的引進、出口相當頻繁，台灣的竹種種類數還有很大的變動空間。即以目前而言，2007年時為87種，較2001年時多出3種（呂錦明、張添榮，2007）這本書中就列入89種，又較2007年時多出2種，其中台灣原生種增加1種為25種。

　　竹林資源的重要性，並不只是面積的大小所占比率或是種類數的多寡，其所產竹類類型的多樣性，也是相當重要的評估依據。台灣的竹類依其所具有地下莖（rhizome）的種類及其發育模式，而可分為4大類型（後述），這也就是竹種分類的基本。世界上其他產竹國家或地區，能將其原生種竹類分為4大類型者，僅全世界竹種最多之中國，而次多之日本尚僅能分為2大類，東南亞地區國家也只可能分為2～3大類。台灣原生竹種雖少，然已包括竹類所據以為分類之4大基本類型，以一個蕞爾小海島，找遍世界地圖，沒有第二個地區能有如此完整的竹類類型，再加上25種原生竹類之中，還有1種為草本性竹類（註），就連竹種最多的中國也不如，可見台灣具有全世界最豐富之竹類資源多樣性，也由此可看出台灣的竹類資源，在世界上占有相當重要的地位。

　　全世界除歐洲地區（於冰河期致遭消失）外，其他各大洲均有自然分布，但主要產地仍為溼潤的熱帶地區，赤道兩旁之南、北回歸線範圍尤多。有人說：竹子是亞洲的「特產」，其實這是錯的，亞洲地區所分布竹種最多才是事實。至於全世界的竹種類數，根據Ohrnberger and Goerrings（1985～1990）的研究整理，共102～112屬，約在1010～1140種之間。其中草本性竹類有25～27屬、130～160種；木本性竹類77～85屬、880～980種。由此也可看出竹子種的分類還有很大的檢討空間。

　　竹類在植物界之中，本來就屬於較為特殊的一群。中國在晉代時，戴凱之先生撰寫一本世界上最早的竹類專書－「竹譜」，書中記述有34種竹類。他在緒論中冒頭就說：「植類之中，有物曰竹，不剛不柔，非草非木，……」。可見竹類很早就被認為是較為獨特的植物。世界上一些產竹之古老國家，人民的日常生活用具、文化、藝術等，俱即以竹子為材料或為題材，舉凡民生之食、衣、住、行、育、樂各方面，無一不與竹類有關，可見竹類資源之於人類文明之進化，影響至為深遠。

　　台灣目前較為確定的竹種，根據著者最近的整理，共有89種已如前述，但是仍有變動的可能。首先由於近年來政府開放觀光之後，出國旅遊便成為國人簡單而普遍的活動，於是在回國之際，順便帶回包括植物活體在內的「土

產」，竹類植物當然也難免被有興趣的人士帶回「試種」，尤其由園藝種苗業者引進者為多，使台灣的竹種數在這數年期間顯有增加，甚至有人說：台灣的竹種已超過100多種。但是這些新種之引進，並未把該竹種的正確名稱一起帶進，非但沒有學名，有時就連俗名也沒有，甚至自己自創種名者亦復不少，而植物的俗名通常因地而異，所以最正確的引進工作是要附帶學名，應請有關當局適當管制，亦應請為了自己興趣或是園藝業者日後自國外引進時，務必附帶正確學名，以免造成混亂與困擾。

另一變動的原因是金門縣竹類標本園之設置。該園由於受到喜愛竹子的縣長李炷烽先生大力支持，除已栽植台灣現有竹子之大部分種類之外，還積極由中國大陸引進新竹種，如果按照目前所規劃的竹種全數成活，則竹種數將達150種左右，惟因新引進竹種成活與否尚難確定，只好等到確定成活後再補。

在竹種鑑定工作中，最感頭痛的莫過於碰到上述情況時，文獻上無從核對，又沒有圖譜可供參考。到目前為止，對台灣的竹類以圖譜方式出版者，有故林維治先生在前台灣省林業試驗所任職期間，所發表之報告第69號（1961），列有28竹種（包括變種）之精美黑白手工繪圖；第248號（1974）描繪並敘述45種竹類之花的構造與形態；第271號（1976）雖包括59種竹類之介紹（包括變種），但在此篇中僅有稈籜之黑白描繪圖，其他器官之描繪圖則未列，因此對初學人士而言稍嫌不足；在英文版「Flora of Taiwan」第5卷（Lin, 1978）中，記述53種竹類，其中僅對部分竹種附有黑白描繪圖；其他報告中亦可見到零星種類之黑白描繪圖，但也終究未能整合而在參考時有所不便。至於以彩色圖譜方式出版者，則有：1.由台灣大學實驗林管理處印行的「溪頭森林遊樂區之竹類」（1980），介紹55種竹類；及2.由新竹縣政府所發行的「新竹縣竹類公園」（1993），列有竹種52種。

本書編纂的目的，主要為把台灣現有竹種而種名確定者，重新予以整理，以彩色圖片為主，或於必要時附加黑白描繪圖刊印，另加文字說明，讓對竹類有興趣的人士，在認識或分辨竹種時有所參考，同時也希望能夠彌補前列兩本著作之不足。

著者才疏學淺，進入竹之世界年資甚短，繆誤及不足之處難免，尚祈斯界先進不吝指正，以為日後修正之參考，則萬幸矣。

（註：台灣原產的草本性竹類，係由台灣大學植物系許建昌教授於1971年發表之新種「囊稃竹」，學名為 *Leptaspis formosana* C. Hsu（Hsu C.C.，1971）。當時由於草本性竹種之分類尚未定型，而被歸類於禾本科、稻亞科（Oryzoideae）之囊稃竹族（Phareae）。於今草本竹類之地位已經確定，參照Ohrnberger and Goerrings（1985）和Clayton and Renvoize（1986）之歸類，列入為台灣草本竹類，原標本採自台東知本。）

如何使用本書

本書精選89種台灣竹子，除了介紹它們的形態特徵外，並說明其地理分布。另外，在總論內容中，我們也完整介紹了竹子的生長方式、各部位器官特徵及生長特性，以讓讀者對竹子形態有一完整認識。

資訊欄

說明該物種的別名、英名、異名、原產地及分布地，以便讀者查詢。

屬名側欄

提供該竹種所屬屬名以便物種查索。

主文

簡述該竹種的分布環境、形態、利用方式以及相關研究。

形態特徵

介紹該種竹的稈、稈籜、葉、小穗及果實形態特徵。

依據竹類的地下莖發育形式，將其分為：

孟宗竹屬

龜甲竹

Phyllostachys pubescens Mazel var. *heterocycla*（Carr.）H. de Lehaie, in Le Bamb. 1：39. 1906

別 名	人面竹、鬼面竹、龜紋竹（台灣竹亞科植物之分類）；龍鱗竹、佛面竹、馬漢竹、龜文竹（中國竹類植物圖志）
異 名	*Bambusa heterocycla* Carriere, in Revue Horticole 49：354. 1878 *Phyllostachys heterocycla* Mitford, in Bamb. Gard. 160, 1895 *Phyllostachys mitis* Riviere var. *heterocycla* Makino, in Bot. Mag. Tokyo 14：64. 1900 *Phyllostachys edulis* Riviere var. *heterocycla* H. de Lehaie form. *subconvexa* Makino ex Tsuboi, in Illus. Jap. Bamb. 21. 1916
原產地	中國、日本及台灣

　　有些學者將本變異種的學名定為*Phyllostachys heterocycla* Matsumura，孟宗竹反而變為龜甲竹的變種，原因是在孟宗竹尚未被發現定名之前，在巴黎的商品展示場先被學者發現而先命名所致。另外，在日本除了本變異種之外，還有1變異種「佛面竹，（*P. heterocycla* f. *subconvexa* H.Okamura）」，兩者之間的差異在於：佛面竹膨出的程度較平緩，以及其芽溝部無丘陵狀組織。不論日本的變異情形如何，吾人在台灣之所見是在台灣產生的變異，具本土自主性，自不必跟隨著「聞雞起舞」。

形態特徵

　　本變種係由孟宗竹所產生的變異種，其主要特徵為：稈部畸形，即上下節之一邊互相重疊，另一邊則節間膨大，如此交互重疊、膨大，使竹稈呈龜甲狀因而得名。此畸形稈尤其於稈之下半部為明顯。

　　原產地可能為中國，在日本栽培頗盛，是否曾引進日本不得而知，亦有可能是孟宗竹引進日本之後產生之變異。依據林維治（1976），本種曾獲日本竹類專家上田弘一郎氏贈送，

←龜甲竹。

地下莖合叢生型　　　　莖脛走出合軸叢生型

地下莖橫走側出合軸叢生型　　　地下莖橫走側出單稈散生型

↑ 龜甲竹的小群落。

植於林業試驗所台北植物園內，惟由該園數十年來的記錄並無此種，顯然該批竹苗並未成活，而除此之外並無其他引進記錄。

　　在台灣，作者首次看到本種是在南投縣的鹿谷鄉護林協會的前院，當時該前院整片都是，據協會前總幹事的說法，是在該會會員之孟宗竹林發現，目前該前院已改植台灣肖楠，但殘留的地下莖仍繼續萌發小竹，所以可說該地該種還存在。第二個地點是在嘉義縣阿里山鄉的茶山村，現已故簡續宗先生的孟宗竹林，據說是從附近朋友處分株栽植者，而原來分株之林分已改植柳杉而不存在。簡先生的孟宗竹林共三處約80公頃，三處均栽植有龜甲竹，可以說是本種目前在台灣最完整的林分。

↑ 龜甲竹之單稈（畸形稈與正常稈）。

 功 用

除供觀賞外，畸形稈可供裝飾及工藝之用，其他用途同孟宗竹。

253

目次

Contents

Contents

竹類在植物分類學上的地位

竹類屬於單子葉植物（Monocotyledoneae）中的禾本科（Poaceae，或稱Gramineae），禾本科在植物界中是大家族，所以分類學者在禾本科之下，又分為6個亞科（Subfamily），竹類即屬於其中之一的竹亞科（Bambusoideae）。

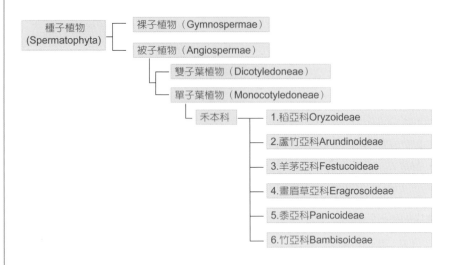

種子植物（Spermatophyta）
　　裸子植物（Gymnospermae）
　　被子植物（Angiospermae）
　　　　雙子葉植物（Dicotyledoneae）
　　　　單子葉植物（Monocotyledoneae）
　　　　　　禾本科
　　　　　　　　1.稻亞科Oryzoideae
　　　　　　　　2.蘆竹亞科Arundinoideae
　　　　　　　　3.羊茅亞科Festucoideae
　　　　　　　　4.畫眉草亞科Eragrosoideae
　　　　　　　　5.黍亞科Panicoideae
　　　　　　　　6.竹亞科Bambisoideae

上面所列對禾本科6個亞科的分法，是根據許建昌博士所著「台灣的禾草」（1978），與Clayton and Renvoize在其等所著「Genera Graminum，Grasses of the World」（1986）一書中的分法略有不同。Clayton and Renvoize同樣也將禾本科分為6個亞科，但他們的分法是：1.Bambusoideae；2.Pooideae（稻亞科）；3.Centothecoideae（淡竹葉亞科）；4.Arundinoideae；5.Chloridoideae（虎尾草亞科）及6.Panicoideae。除了將一些草本性竹類包括於竹亞科之內而外，也把前列許建昌的分法中，一些屬於稻亞科的屬也歸入於竹亞科。

許建昌（1978）及Hsu（1971）所整理台灣的禾草類植物，僅及於竹亞科以外的其他5個亞科，即未把竹亞科的植物包括在內，而許建昌與Clayton and Renvoize（1986）兩者之間的分法之不同，主要在於近年來對禾本科分類之著眼，除了以往所沿用注重花序與小穗的構造之外，加上葉片之解剖學的特徵、表皮的特徵、胚的形態與解剖學的特徵、染色體的特徵以及幼苗第一片葉（first leaf，或稱胚芽）和其他特徵等。

　　以葉片的解剖學特徵而言，屬於竹類（Bambusoid）型者與羊茅類（Festucoid）型者相似，即有發達而壁較厚的內皮鞘（mesotome sheath或endodermis），內皮鞘外圍有小而壁較薄、含有與葉肉細胞相同的葉綠體，但薄壁外鞘（parenchyma sheath）具厚壁，葉肉組織細胞排列不規則，每一細胞有向內突出而長短不一之細胞壁薄片等。

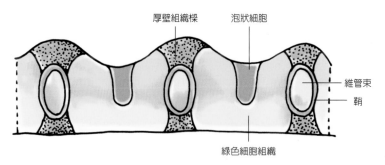

↑葉部切面圖

　　再由胚的形態與解剖學的特性來看時，胚在竹類、羊茅類和稻類（Oryzoid）等類型的穎果（caryopsis）中所占的比例，通常很小而僅及穎果的1/4以下，其他所謂黍類（Panicoid grasses）的胚則較大而占穎果之1/3以上。至於胚的解剖特徵，以下列4點特別顯著：

1.中胚軸（mesocotyl）存在（P）或不存在（F）。
2.外胚葉（epiblast）存在（＋）或不存在（－）。
3.小盾片（或稱胚盤，scutellum）與胚根鞘（coleorhiza）之間有裂縫（scutellum cleft）（P）或無裂縫而癒合（F）。
4.胚芽（first leaf）為包捲狀（P）或為摺疊狀（F）。

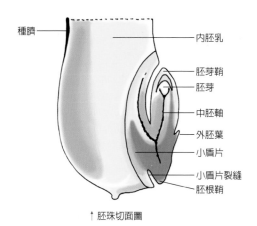

↑胚珠切面圖

將上列4項特徵依序組合，即可將各種禾草類的胚之解剖學特徵分成下列各型：

類型	中胚軸	外胚葉	盾片與胚根鞘狀態	胚芽
竹類（Bambusoid）型	F（不存在）	＋（存在）	P（有裂縫）	P（包捲）
水稻類（Oryzoid）型	F（不存在）	＋（存在）	F（癒合）	P（包捲）
羊茅類（Festucoid）型	F（不存在）	＋（存在）	F（癒合）	F（摺疊）
淡竹葉類（Centothecoid）型	P（存在）	＋（存在）	P（裂縫）	P（包捲）
蘆竹類（Arundinoid）型	P（存在）	－（不存在）	P（裂縫）	F（摺疊）
虎尾草類（Chloridoid）型	P（存在）	＋（存在）	P（裂縫）	F（摺疊）
黍類（Panicoid）型	P（存在）	－（不存在）	P（裂縫）	P（包捲）

由上表之分析，即可知竹類型植物與禾本科其他亞科不同之處，就胚的解剖學上的特徵而言，是在：中胚軸不存在；有外胚葉；盾片與胚根鞘之間有裂縫；胚芽為包捲狀。

以上所述，為竹亞科植物與其他禾草類的「內在的」區分要點，但這些都需要使用顯微鏡才能觀察得到，無法在野外現場對實物藉其形態來認定。通常對植物的分類，是以花、果等生殖器官為主要對象，但是竹類的開花習性異於一般植物，短則10餘年，或是60年，甚至還有到現在還沒有開花記錄的竹種，所以對竹類而言，分類、歸屬的工作較為特殊。

以往許建昌（1978）曾以檢索表說明其間的差異，但開頭的木本與草本之分，即已不能適用於有草本竹類的現代。依筆者的看法，較為可靠且方便的分辨方法是：

1.竹類的營養器官（如稈）有分枝（即枝條），其他禾草類有分支的部位是生殖器官，如水稻的稻穗、玉蜀黍的雄花，其營養器官是不分枝的。

↑ 玉蜀黍的雄花序開在莖頂上，有分支，莖部未見分支。　　↑ 菅芒的花（生殖器官）才有分支

2.竹類植物的葉片枯黃後，會從葉柄與葉鞘之間的關節處產生離層而掉落，
　並在原本著生葉片的小枝上留下枯萎的葉鞘；其他禾草類的葉片枯萎後，
　不掉落而僅垂下仍留存於植物體上，如玉蜀黍、蘆竹等的枯葉。

↑ 菅芒的莖不分支，枯葉不掉落而垂下留存。　　↑ 竹枝帶有枯葉鞘留存

↑ 蘆竹的莖同樣未分支，枯葉留存莖上。

竹類各部器官介紹

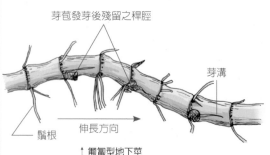 地下莖（rhizome）

地下莖又稱「根莖」，是莖部長於地下而貯藏養分的器官，也就是竹類行無性繁殖的重要器官。竹類的地下莖有兩型：

1.直立型地下莖（upright rhizome或vertical rhizome）

此型地下莖位於竹稈的基部而埋於地下，與地上部之竹稈相連而合為一體，即俗稱竹頭的部位。易言之，直立型地下莖屬於整體立竹的一部分。有些竹種的直立型地下莖較其上面接連的稈部肥厚而稍彎曲狀，如後述第1類型的蓬萊竹屬、麻竹屬等之地下莖，且為實心，其下方又逐漸縮小成為有節無芽苞的「莖脛」（rhizome neck），而與其他竹稈（即為母竹稈）相連。反過來說，該莖脛與母竹稈的連接處，即為該竹支所萌發的原芽苞所在。有些種類的直立型地下莖幾乎與上面的竹稈同大、或為漸增而略大，如下述第2、3類型竹類之地下莖。

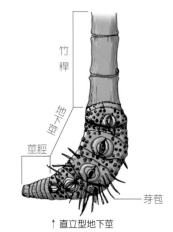

↑ 直立型地下莖

2.匍匐型地下莖（creeping rhizome或horizontal rhizome）

俗稱「鞭根」。此型地下莖在地中橫向伸長，通常較竹稈細，不與竹稈直接相連，亦即此類地下莖並不屬於立竹竹稈的任何部分，換句話說，竹稈與地下莖各屬不同的系統。此類地下莖與竹稈之間，係以竹稈基部細小而短之尾端，同樣有節而無芽苞，稱為「稈脛」（culm neck）之部位互相連接。下述第3、4類型竹類的地下莖屬之。

芽苞發芽後殘留之稈脛

芽溝

鬚根　伸長方向

↑ 匍匐型地下莖

↑ 匍匐型地下莖

　　兩型地下莖的共同性狀為：地下莖有節，每節各有1個芽苞（bud），各節的芽苞在直立型地下莖為上、下，或在匐匍型地下莖為前、後互生。

　　直立型地下莖上的芽苞僅直接向地上萌發竹筍再成長為竹，而此新生竹之稈基部位就是它的直立型地下莖。匐匍型地下莖上的芽苞，有些會向地上萌發竹筍再成長為竹；有些則在地中橫向伸長，而發育為新的地下莖系統。可知兩型地下莖在形態上以及發育的模式上均有明顯不同。

　　上面已述，竹類依其所具有地下莖種類以及其發育形式，作為最基本的分類依據，而台灣之原生竹種即可分為4大類型，即是：1.地下莖合軸叢生型；2.莖脛走出合軸叢生型；3.地下莖橫走側出合軸叢生型，以及4.地下莖橫走側出單稈散生型等4類，分述如下：

竹類基本類型分類檢索表

| ❶地下莖位於其竹稈之基部，為直立型地下莖 | ❷地下莖上的芽苞，通常直接扛起其先端萌發為竹筍，整體由多數竹稈形成叢生狀 ········· I.地下莖合軸叢生型 |
| | ❷地下莖上的芽苞發育為竹筍時，常先伸長其莖脛部位，再直接扛起先端發筍發育成竹，次年再由該新竹的直立型地下莖萌發新竹而呈叢生狀，整體為擴散而又束叢處處之林相 ········· II.莖脛走出合軸叢生型 |

| ❶地下莖為直立型與匐匍型兩種兼具，以匐匍型地下莖擴張生育地，再以直立型地下莖萌發新竹呈叢生狀 ········· III.地下莖橫走側出、合軸叢生型 |

| ❶僅具匐匍型地下莖，地下莖上芽苞具發展新地下莖以及萌發新竹兩項任務，整體呈擴散而單稈散生之林相 ········· IV.地下莖橫走側出、單稈散生型 |

1.地下莖合軸叢生型（pachymorph或sympodial rhizome）

　　本類型竹種之地下莖，均屬於直立型地下莖。易言之，竹稈基部伸入地下而相當於稈基之部位即為其地下莖。短而肥厚，直立或基部彎曲，實心；地下莖的節間極短，每節生有芽苞及不定根；莖脛短而細，有節無芽苞，為地下莖下端之延伸而與母竹稈相連接之一小段。地下莖上的芽苞發育膨大後，直接萌發出土為竹筍，繼續發育成竹，次年再由新竹稈的直立型

地下莖上芽苞照樣發筍並發育成竹，依此年年孳生不息，遂成束叢狀，故稱「叢生型」。屬於本類型的竹類有：蓬萊竹屬（*Bambusa*）；麻竹屬（*Dendrocalamus*）；巨草竹屬（*Gigantochloa*）；莎簕竹屬（*Schizostachyum*）；廉序竹屬（*Thyrsostachys*）等。台灣原生的竹類中，屬於本型者最多。如：長枝竹（*Bambusa dolichoclada*）*；火廣竹（*Bambusa dolichomerithalla*）*；烏腳綠竹（*Bambusa edulis*）；內文竹（*Bambusa naibunensis*）；八芝蘭竹（*Bambusa pachinensis*）*；莎簕竹（*Schizostachyum diffusum*）等。（註：種名之後附有 * 記號者，表示包括其變異種。）

↑世界最大的竹類-巨竹也是地下莖合軸叢生型竹類

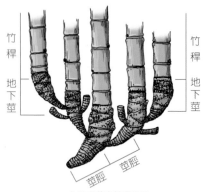

竹稈
地下莖

竹稈
地下莖

莖脛　莖脛

↑地下莖合軸叢生型

↑地下莖合軸叢生型之地下莖

2.莖脛走出合軸叢生型（running rhizome neck with sympodial culms或metamorph II。或稱「走出莖合軸叢生型」（林維治，1976）)

　　此型由上型（地下莖合軸叢生型）變化而來，也可以當成合軸叢生型中較為特殊的發育模式。此型竹類的地下莖同樣位於稈之基部，而且僅具直立型地下莖，與上型不同之點，即在於當其地下莖之芽苞開始發育伸長時，先適度延伸其有節無芽的莖脛部分，而其先端部則直接出土發育成竹，初時為單稈獨立而散生，次年以後再由位於竹稈基部之直立型地下莖上的芽苞，一面萌發新竹而成為叢生狀，另一面再由其他的芽苞延伸其莖脛至相當長度後，令其先端扛起直接出土，年後再形成另一群叢，如此年復一年，遂成為年年擴張生育範圍而又是束叢處處，竹稈密生之林相。

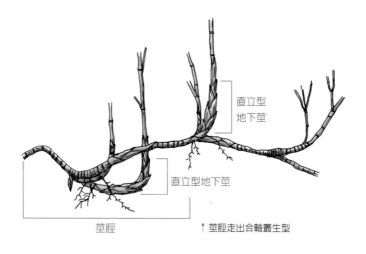

直立型地下莖

直立型地下莖

莖脛　　　　　　　↑ 莖脛走出合軸叢生型

　　過去的文獻均誤認此延長部位爲地下莖，且強調其延伸的特性，令人產生其「地下莖」之延伸必甚長之印象。事實上，其延伸者實爲莖脛而不是地下莖，同時其延伸也是有長有短，依生育地情況和當時的氣候狀況而異。當其延伸不長或爲甚短而緊貼母竹旁邊萌發出土時，即與一般之合軸叢生型者並無不同。台灣已故竹學大師林維治（1961）將此型稱爲「走出莖合稈叢生型（running rhizome with sympodial culms）」，即有可能將「走出莖」誤爲「地下莖」，因而本文在此改爲「莖脛走出合軸叢生型」。至於本型之另一英文名稱描述「sympodial rhizome with long neck and spreading」中的「long neck」，很顯然是在指「rhizome neck」。屬於此型的竹類有：高山矢竹屬（*Yushania*）；梨果竹屬（*Melocanna*）；奧克蘭竹屬（*Ochlandra*）等。台灣原產竹種中屬此型者，爲分布海拔1,400公尺以上地區之玉山矢竹1種（*Yushania niitakayamensis*）。

↑ 莖脛走出合軸叢生型竹類的地下部分發育狀態（玉山矢竹）

3.地下莖橫走側出合軸叢生型（horizontal rhizome with lateral sympodial culms，amphipodial rhizome或metamorph I）

　　本型竹種兼具直立型與匍匐型兩類型的地下莖，所以也有學者稱爲中間型（Ueda，1960）、單軸性連軸型（上田，1963）、混合型（渡邊，1987）、amphipodial dype（複軸型）（Clayton and Renvoize，1986）等。但其基本仍爲匍匐型地下莖，即先由匍匐型地下莖上的芽苞萌發新竹，呈現爲單程散生狀，次年以後再由該新竹稈基部位之直立型地下莖上的芽苞萌發新竹而爲叢生狀。至於其新的匍匐型地下莖系統，可分別由直立型地下莖或匍匐型地下莖之芽苞萌發而形成。匍匐型地下莖在地中伸長蔓延，而立竹又由其直立型地下莖萌發新竹而成叢，如合軸叢生型竹類密集一處，因此在地面上每隔相當距離形成小竹叢，或是整片竹林密集呈叢生狀。

　　本型竹類與上述第2類型竹類之不同點，主要即在於：本類型竹類之擴張生育範圍是靠其匍匐型地下莖，而第2類型竹類賴以伸展擴張之部位是莖

↑ 包籜矢竹即屬於「地下莖橫走側出合稈叢生型」竹類

腔，而不是地下莖。屬於本型之竹類有：苦竹屬（*Pleioblastus*）；青籬竹屬（*Arundinaria*）；箭竹屬（*Pseudosasa*）；赤竹屬（*Sasa*）；崗姬竹屬（*Shibataea*）；業平竹屬（*Semiarundinaria*）；寒竹屬（*Chimonobambusa*）；唐竹屬（*Sinobambusa*）；東笆竹屬（*Sasaella*）等。台灣原產竹類中，屬於本類型者有：台灣矢竹（*Pleioblastus kunishii*）及包籜矢竹（*Pleioblastus usawai*）等兩種。

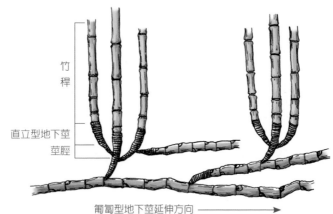

↑ 地下莖橫走側出合軸叢生型

4.地下莖橫走側出單稈散生型（leptomorph rhizome，monopodial rhizome 或 horizontal rhizome with lateral monopodial culms）

　　基本上，此型竹類僅具有匍匐型地下莖。地下莖蔓延土中，呈波浪狀起伏而向前延伸。此型竹種地下莖上之芽苞具有兩種功能：一為膨大發育萌出地面為竹筍再發育成為新竹；另一功能為橫向伸長而匍匐於地中，發育為新的地下莖系統。但是這兩種任務不可能由同一個芽苞同時達成，而只能二擇一：萌出地面發育成竹，或在地中匍匐發展為新的地下莖系統。其發育出土成為竹，或是橫向匍匐而成為地下莖，主要由氣溫來決定。由於此型竹類的稈基部分在正常情形下不具芽苞，亦即不具直立型地下莖，因此不會由竹稈產生分蘗，其竹稈各自單稈分立而呈散生狀態，但是實際上屬於同一地下莖系統上的個體，仍相連而成為同一營養系的家族關係。

　　屬於本型的竹類，僅孟宗竹屬（或稱毛竹屬，*Phyllostachys*）1屬之各竹種，和寒竹屬之四方竹（*Chimonobambusa quadrangularis*）1種屬之。在台灣原產竹種中，屬於本型者有：桂竹（*Phyllostachys makinoi*）、石竹（又稱石竹仔、篙篙竹或轎槓竹，*Phyllostachys lithophila*）及布袋竹（*Phyllostachys aurea*）等。

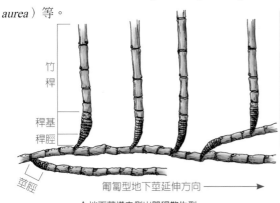

竹稈
稈基
稈脛
莖脛
匍匐型地下莖延伸方向 ──────▶
↑ 地下莖橫走側出單稈散生型

↑ 地下莖橫走側出單稈散生型竹類匍匐地下莖的先端部分，有人稱為「鞭筍」，同樣採下供食用。

　　除了第1類型竹類大致會在栽植地點維持叢生而擴展甚為緩慢外，第2類型至第4類型竹類均會擴張生育範圍，因此第1類型竹類又稱「叢生型」竹類，而其他3種類型竹類則稱為廣義的「散生型」竹類。又因為第1類型竹類主要產地為熱帶地區，所以也有人稱此竹類為「熱帶型竹類」，而對其他3類型則稱「溫帶型竹類」。依據目前共同的認識，第1類型竹類為竹子的原始形態，而第4類型則為最進化的竹類。

↑ 地下莖橫走側出單稈散生型地下莖在地下的分布情形

🎋 竹筍（shoot）

　　竹筍是由地下莖上的芽苞於適宜氣候條件下膨大發育的萌蘗，如果繼續任其生長即成為竹稈。竹筍的萌發時期依竹種而異，大致可分為：

1. 春季發筍種（約為3月～5月底）

　　以桂竹、石竹、孟宗竹等為代表之孟宗竹屬，包籜矢竹、台灣矢竹等之苦竹屬，崗姬竹屬等。

2. 夏季發筍種（約為4月底～7月底）

　　一般合軸叢生型竹類如莿

↑ 包籜矢竹可說是「箭筍」的代表，其與玉山矢竹、台灣矢竹的竹筍一樣可供食用，但數量少。

竹、長枝竹、火廣竹、蓬萊竹等，亦即蓬萊竹屬、麻竹屬、巨草竹屬、頭穗竹屬、莎簕竹屬、廉序竹屬等均屬之。惟其中如綠竹、麻竹、烏腳綠竹、竹變等竹類，因竹筍可供食用，所以常會對這些竹種的竹筍加以採收，受到竹筍的採割技巧影響，可使產期延續至10月甚至11月。

3. 秋季發筍種（8月～10月間）

　　寒竹屬的竹種，如四方竹。

　　上述竹筍之產期終究屬一般現象，除夏季產筍之種類可靠採割技巧而延續產期外，還有受到人們所喜愛的「白露筍」，即孟宗竹屬之孟宗竹、桂

↑ 泰山竹的竹筍具黑褐色毛

↑ 巨竹的竹筍形不輸母竹

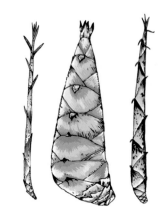

竹、石竹等，以及苦竹屬之包籜矢竹、台灣矢竹等竹種所萌發，其竹筍萌發於「白露」前後，故有此名，有些地區則稱為「秋筍」。至於著名的「冬筍」，是把孟宗竹地下莖上的芽苞膨大後還埋伏土中未出土者予以挖取。在溫度適合、水分充足的條件下，10月底左右就可挖掘，直到次年的4月。有人說：「清明節以後就是春筍」，事實上，如果在清明節之後從地下挖出未出土的竹筍，也應該是「冬筍」；同樣地，如果是在清明之前已經出土，竹籜為綠色且籜毛呈黑褐色的竹筍，也只能算是「春筍」。換句話說：冬、春筍之分，是根據其筍體尚在地下或已出土來分，僅清明節1天是無法分出冬、春的。另一個事實是：桂竹、石竹也有「冬筍」，只是形體太小不適宜供食用而不符經濟價值罷了。

另外有一點必須加以提醒的是：竹筍常被認為是竹的「孩子」，也就是說把竹筍當為是它們的新生世代，日本人稱竹筍為「タケノコ」（音takenoko），即「竹之子」之意。事實上，竹筍的萌發是同一家系在達到生命的終期而開花之前的壽命之延續，因此只能算是同一家系中的兄弟，真正用以「傳宗接代」而屬於新生世代的「孩子」，當然還是由開花結實所得之種子所發芽的種子苗。

↑ 孟宗竹的竹筍

🎋 稈籜（culm sheath）

稈籜亦即為筍籜，一般民間稱之為竹殼、筍殼或筍皮。在竹筍萌發初期是為保護竹筍而包被於筍體外圍的器官。每節1片，左右互生，相對包被。由筍發育為竹之過程中，有些竹種之筍籜為早落性，如蓬萊竹屬、麻竹屬、孟宗竹屬等屬竹種之筍籜，在所包被竹節之節間生長（internodal growth或internodal elongation）完成之後，即於節之上緣筍籜的著生處產生離層而脫落；有些竹較晚脫落甚至不脫落，如苦竹屬、赤竹屬、業平竹屬等之一些竹種。

稈籜可分為籜片（sheath proper）及籜葉（sheath blade）兩部分。

1. 籜片：又稱稈鞘，是即包被筍體之片狀器官，為革質、膜質或為紙質；著生於節環上方，通常底部寬大，往上逐漸變狹窄，至頂部呈平截或略圓拱形，其為脫落性或為宿存性依竹種而異；光滑或有毛；頂端兩側有籜耳（sheath auricle），或不顯著或缺如；有肩毛（oral setae）或無；籜片頂端內面有籜舌（sheath ligule），或不明顯或無。籜耳、籜舌之有無、形狀、大小，毛之有無等均可供為分類的依據。

2. 籜葉：又稱葉片，為附著於籜片上方之葉子狀器官，有人稱為附著物。有些竹種之籜葉為留存性，有些則為早落性。其形狀、大小常依竹種、同一竹稈上之著生部位而異，因此在做為分類依據時需注意。

↑ 火廣竹的筍籜

↑ 莉竹的筍籜

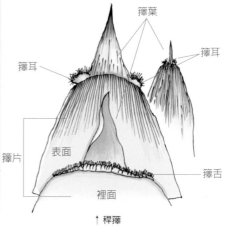

↑ 稈籜

稈及枝條（culm and branch）

　　竹類不論其為單支散生或為多支叢生，其每支莖幹即稱為「稈」（culm）。絕大多數竹種稈之橫斷面為圓形，極少數為四方形，如寒竹屬之四方竹（或稱方竹）屬之。一般呈中空，亦有少數竹種之稈為實心，尤其以其稈之下半部為然，如印度實竹（*Dedrocalamus strictus*）、暹邏竹（或泰竹，*Thyrsostachys siamensis*）等屬之。

　　稈有節（node），節所形成之環稱「節環」，即為筍籜脫落後之痕跡。節與節之間稱為「節間」（internode），通常稈基部及頂梢部之節間較短，中間者較長，此即反應竹筍期生長之節奏（慢－快－慢）的結果。有些竹種如孟宗竹屬竹類之節間在生長枝條之一邊略平坦或呈淺縱溝，稱為「芽溝部」。

　　稈之縱剖面在有節的部位有一片橫向隔離片，稱為「橫隔壁」（diaphragm）；橫斷面呈圓圈狀，該圓圈即為稈之本身稱「稈壁」（culm wall）或稈肉，此為竹材最具利用價值的部分。

　　竹稈通常為直立，有些種類之頂梢部下垂如孟宗竹、莿竹等；有些竹種之稈為藤狀攀緣性稈，原產台灣南部之莎簕竹（*Schizostachyum diffusum*）即屬此，引進種則有紫籜藤竹（*Dinochloa scandens*）。

　　竹類的營養器官會有分枝之特性，乃是竹類與禾本科其他亞科植物間可

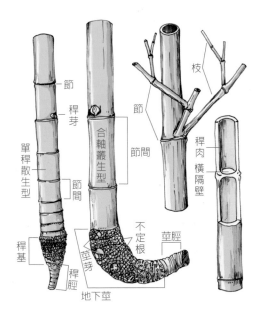

↑ 稈及枝條

予以分辨的重要特徵之一。禾本科其他亞科植物之莖有分枝者，是為生殖器官，例如水稻、玉米等之花穗即是。

竹類之枝條著生於節環上方，即由節環上方之芽苞所萌發，此點與一般樹木在莖幹上普遍潛伏有不定芽，隨處可萌發枝條或發根者完全不同。萌發為枝條之

↑ 馬來麻竹稈基部各節間密布褐色毛

↑ 江氏孟宗竹乃是孟宗竹在台灣所產生的變異種

芽苞，在竹稈之節環上呈上、下節相對互生，因此枝條在竹稈上的排列為左右互生，也不會如一般樹木呈輪生甚至雜亂而無規律。

一般而言，每一節上之枝條數，依竹種而大致一定：

每節枝條單一者：箭竹屬、赤竹屬、東笆竹屬等屬之一些種類。

每節枝條為2支者：孟宗竹屬之各竹種。

每節枝條為3支者：唐竹屬及箭竹屬之一些種類。

每節枝條在3支以上者：蓬萊竹屬、麻竹屬、巨草竹屬、頭穗竹屬、莎簕竹屬、廉序竹屬、崗姬竹屬、奧克蘭竹屬、寒竹屬、苦竹屬、青籬竹屬、高山矢竹屬、業平竹屬及梨果竹屬等。

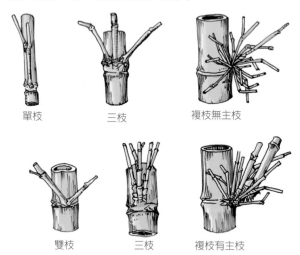

單枝　　三枝　　複枝無主枝

雙枝　　三枝　　複枝有主枝

↑ 稈各種竹類之枝條萌發型態

葉（leaf）

葉部器官包括葉片（leaf blade）及葉鞘（leaf sheath）兩部分。

1. 葉片：葉片通常為披針形，有時為長橢圓形或線狀披針形。葉片具葉脈（veins）及細脈（veinlets）；葉脈屬於平行脈，分為主脈（或稱中肋，midrib）及側脈（或稱縱脈，vertical veins）；細脈亦可分為橫小脈（transverse veinlet）及縱小脈（vertical veinlet）。有時由縱、橫小脈構成格子狀。

2. 葉鞘：葉鞘為包被小枝的器官，其頂端連接甚短之葉柄（leaf petiole），再由葉柄與葉片相連。葉柄與葉鞘相連處有關節，葉片枯萎時即於此處產生離層而脫落，並於小枝上留下枯葉鞘，此一特性也是竹類與禾本科其他5亞科植物最明顯的差異。葉鞘頂端之內側有舌狀薄片，稱為「葉舌」（leaf ligule）；兩邊有耳狀突起，稱為葉耳（leaf auricle）；葉耳上有時有長毛，或是葉耳缺如而僅有肩毛。

↑ 大明竹之葉先端稍有扭曲為其特徵

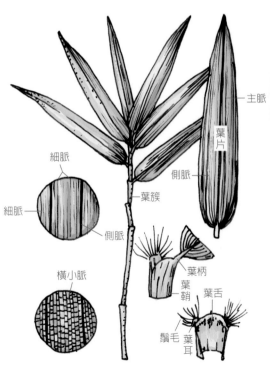

↑ 葉簇及葉片

↑ 白條唐竹的乳白色條紋葉片表示其為唐竹的變異種

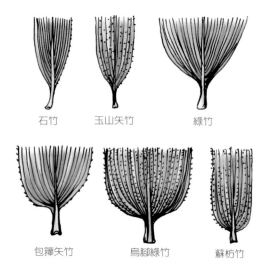

| 石竹 | 玉山矢竹 | 綠竹 |
| 包籜矢竹 | 烏腳綠竹 | 蘇枋竹 |

↑ 不同竹種之葉片基部形狀

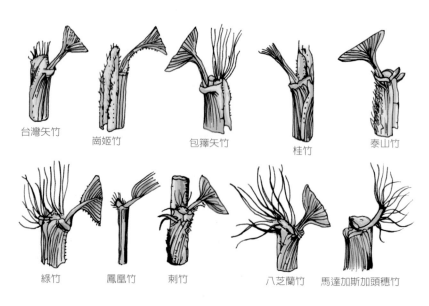

| 台灣矢竹 | 崗姬竹 | 包籜矢竹 | 桂竹 | 泰山竹 |
| 綠竹 | 鳳凰竹 | 刺竹 | 八芝蘭竹 | 馬達加斯加頭穗竹 |

↑ 不同竹種之葉舌、葉耳及剛毛之形狀

花（flower）

　　竹花著生的方式分爲頂生花序（terminal inflorescence）及側生花序（lateral inflorescence）兩種。前者花序著生於枝梢頂端，後者則著生於枝節上。

　　竹類的花稱爲「小花」（floret），1至數朵小花聚合成小穗（spikelet）。小花構造很簡單，一般由護穎（或稱穎片、苞片，glume）0～3枚；外稃（外穎，lemma）1枚；內稃（內穎，palea）1枚；鱗被（lodicle）3或6枚；雄蕊（stamen）3或6枚；雌蕊（pistil）1枚等合成。鱗被即爲退化之花瓣，通常與雄蕊同數，雄蕊之花藥爲黃色或紫色。至於雄蕊與雌蕊之構造則與一般花卉並無差異。

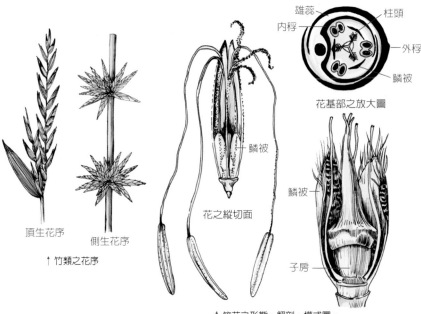

↑竹類之花序

↑竹花之形態、解剖、模式圖。

↑竹變的開花枝、小穗與小花。

↑綠竹的開花很少看到有雌、雄蕊同時出現。

果實（fruit）

　　竹類之果實通常屬於穎果（caryopsis），分為果皮（pericarp）及種子（seed）兩部分，少數竹類之果實為瘦果（achene或akene），最特殊者為梨果竹之果實屬於漿果（berry）。

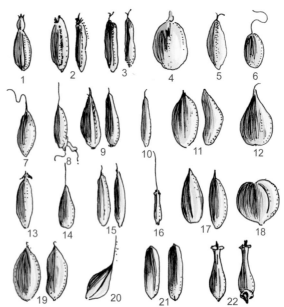

↑ Elmar W.Smith所繪之竹類種實圖(1)
（仿McClure.1966，各數字所代表之竹種請參照該書P118-9）

蓬萊竹　　唐竹　　空心苦竹　　暹羅竹

孟宗竹

寒竹 *

日本矢竹

莎簕竹

黑毛巨草竹 *

頭穗竹 *

麻竹

印度奧克蘭竹 *

梨果竹

↑ 竹類種實圖(2)　（仿林維治.1966）

竹類生長的特性

竹類屬於禾本科或稱稻科植物，而禾本科則屬於單子葉植物（monocotyledon），單子葉植物與雙子葉植物（dicotyledon）最大的不同，是單子葉植物之莖部沒有形成層（cambium），因此沒有年輪。然而竹類是生長快速之速生樹種，其生長快速的主要原因，是因為其除了和一般植物相同地具有頂生分生組織（apical meristem）之外，筍體的每一節都還有各自的居間分生組織（intercaraly meristem），竹類之所以能快速生長，主要就是由這些每節都存在的居間分生組織所

↑當看到筍籜開始脫落，就是表示該節的節間生長已經結束（林氏莉竹）。

引起之節間生長（internodal growth，或internodal elongation）所致，也就是當竹筍開始萌發生長時，筍體上的每一節由下向上，順次由分生組織增加細胞及拉長細胞的方式拉長其節間，每節或長或短而貢獻於全株的生長。在節間生長期間，筍籜所扮演的角色是保護幼嫩的筍體，在各節之節間生長完成之後，該節即開始在筍籜的底部緊接節的上方形成離層，讓完成保護使命的筍籜脫落。反過來說，當看到筍籜開始脫落，就是表示該節的節間生長已經結束。有些如苦竹屬（Pleioblastus）、業平竹屬（Semiarundinaria）等屬之竹種，其筍籜通常不會脫落而宿存，但是也已失去保護筍體之功能。

竹類的生長特性除了快速之外，還有一個與其他植物完全不同的生長特性。那就是竹類在竹筍萌發、開始發育到生長完成之後，就不會再繼續長高，也不會繼續增大直徑。籐本性竹類是不會增大直徑，但是會繼續長高的例外。這裡所謂「生長完成」或說「完成生長」，是指竹筍開始伸張枝條和展開葉子。竹類生長快速的程度，不論竹種、形體大小，從發筍到完成生長只要3～4個月，以後不再繼續增高（籐本性竹類除外）也不會加大直徑。

根據日本京都大學研究群所做研究，剛竹（Phyllostachys bambusoides）一天24小時可生長121公分，是目前所知植物一天生長量的最高記錄；孟宗竹（Phyllostachys pubescens）則是118公分/天（上田，1964），依此換算成每小時的生長速度約為5公分上下，其生長快速之程度由此可想而知。不

過，竹子並不是天天維持如此快速的生長，而是出現在生長最快的時段。整支竹筍生長的節奏是：慢→快→慢。生長開始的初期是在筍體的基部，生長較慢；繼續向上逐漸加快到中段時生長最快；再繼續向上到頂部，生長又逐漸變慢，終至生長完成而後停止。竹子這種慢→快→慢的生長節奏，很明顯地表現在竹子的外部形態上，亦即：竹稈的基部節間較短，換句話說就是節較緊密，也就是生長較慢，中間段的節間較長，就是生長較快的表現，到頂部節間又變短，這個節間的「短－長－短」就是生長節奏「慢－快－慢」所產生的結果。

↑ 從竹稈的節間長短可推知其生長節奏的快慢（巨竹）。

　　由於竹子在竹筍出土至完成生長之後即不再長高、加粗，所以由目前所萌發竹筍的直徑大小，可以推知日後長成竹子之後竹稈的直徑大小；反之，也可以由目前竹稈直徑的大小，推知它在竹筍時的筍體是多大。這現象表示竹筍直徑之大小與成竹之後竹稈直徑之間，有某種密切的關係存在。

　　以同一竹種而言，成竹後之稈徑（通常用胸高直徑）與稈高之間，亦具極顯著的正相關，即直徑粗大者竹稈亦相對較高，反之亦然。生長完成日數與竹稈高度成正相關，即竹稈較高者，生長所需日數較長，竹高較矮者則所需日數較短，但皆會在3～4個月內完成生長。而在同一竹種的發筍期間，早期發筍或晚期發筍，其生長所需日數亦有不同：

1. 春季發筍竹類：孟宗竹屬各種竹類如孟宗竹、桂竹、剛竹、石竹（*Phyllostachys lithophila*）、布袋竹（*Phyllostachys aurea*）等，其發筍較早者，所需生長日數較長，發筍較晚者，所須日數較短。

2. 夏季發筍竹類：一般屬於叢生型之竹類如麻竹（*Dendrocalamus latiflorus*）、綠竹（*Bambusa oldhamii*）、烏腳綠竹（*Bambusa edulis*）等，早期發筍者，生長所需日數較短，而晚期發筍者則所需日數較長。

3. 秋季發筍竹類：屬於寒竹屬之寒竹（*Chimonobambusa marmorea*）、四方竹（*Chimonobambusa quadrangularis*）等竹種，早期發筍者之生長所需日數較短，反之於後期發筍者，生長所需日數較長。

關於竹類的開花

在1960年代後期至1980年代初期，由於當時的中國農村復興聯合委員會（Joint Commission on Rural Reconstruction，簡稱農復會，或JCRR，1948～1979，即現在行政院農業委員會的前身）積極推動、輔導竹產業，尤其重視竹林經營，包括竹筍生產、竹材利用，導致竹產業蓬勃發展，各項產品外銷替國家賺取鉅額外匯，造就了台灣竹產業空前的黃金時代。

由於大家把眼光放在竹產業上面，所以有關竹子的些微變化都會引起關心與重視，竹子的開花就是其中較為重要一項，當時開花的竹種以麻竹（*Dendrocalamus latiflorus*）較常見，綠竹（*Bambusa oldhamii*）也有開花，但較零星，兩種都是以生產竹筍為目的竹種。由於竹子開花就會停止發筍，

而沒有竹筍可收穫即意味著收入減少，對筍農而言，其影響是直接且相當嚴重的，因此有人開始注意到竹子開花問題，甚至有人討論該如何來防止或是阻止竹子開花。

↑ 條紋大耳竹的開花

竹子本身的開花景象難得一見，國內外研究學者對於竹類開花原因，探究出以下幾種說法：

1. 週期說：採取週期說的學者是指竹類開花循某一定的時間間隔而定期發生。例如：日本人相信剛竹（*Phyllostachys bambusoides*）的開花週期是60年；孟宗竹（*Phyllostachys pubescens*）是60年或是其倍數之120年；甚至有人認為哈雷彗星出現剛竹就會開花，因此周芳純氏在其「竹林培育學」（1998）一書中，曾列出一些竹種開花的週期。

2. 營養說：採取營養說的學者，認為經營不善、營養不良或失去平衡等都會引起竹類開花，尤其是指竹子生體內的碳氮比（C/N比）增高為竹類開花主因。

3. 氣候說：採取氣候說的學者，認為氣候條件不良，會引起竹類開花。所列舉的不良氣候，諸如：天氣乾旱、夏季直射陽光太強、空氣和土壤乾燥等，都會引起竹子開花。

按此說法所列舉所謂「不良氣候」的現象，可說每年、任何地方都可能發生，所以依此說法，竹子的開花應該是相當普遍的現象，但事實上，除了麻竹、綠竹等幾種較常開花的竹類外，都還是要隔一段時期才會發生，因此依筆者看法，上列3種學說中以氣候說的根據最為薄弱，而此3個學說也都忽略了竹類是屬於種子植物（spermatophyta 或seed plant）的事實。

種子植物又稱顯花植物或開花植物（phanerogams 或flowering plant），意思是指這些植物都要經過開花，雌、雄性器官交配，以有性生殖的方式產生種子以傳宗接代，所以竹類開花結實是它個體發育成熟的必然現象，也就是其生理年齡成熟、老化所引起的正常反應，與其他顯花植物並無不同，然而其開花現象之所以會引起如此重視，主要是因一般人都不知道它屬於禾本科植物，且又與同科但屬於不同亞科（Subfamily）之一般禾草類不同。一般禾草類如稻、麥都是一年生草本，播種當年就會開花結實，而屬於木本植物的竹子卻要等幾十年才開花。不管如何，竹子既然屬於種子植物或顯花植物，其開花結實乃是必然現象，就算它有一定週期、或是營養失衡、氣候不良，都不必追究開花原因，甚至於設法阻止，因為它終究是屬於自然現象。我們需加以重視的是竹子開花後有無種子可採，因為如同所有植物或作物一樣，以種子繁殖所得之種子苗才是真正的新生第二代，所以採集竹類種子，培育其新生世代才是面對竹類開花問題的正面對策，且對竹類資源的更新及永續生產才具有重大意義。

↑ 一般禾草類如稻都是一年生草本，播種當年就會開花結實。

↑ 麥田

地下莖合軸叢生型竹類

（以刊載本書內各屬所含竹種為準，以下各型均同）

地下莖合軸叢生型竹類屬之檢索表	❶稈為蔓籐性		❷稈籜幼時密被紫紅色毛，竹稈節環上留存寬帶狀革質籜片環 ………藤竹屬
			❷稈籜幼時密被灰棕色細毛，節環上無籜片環留存 ………莎簕竹屬
	❶稈直立，非為蔓籐性	❷枝節具短刺	❸具明顯白色節環，籜耳、籜舌不明顯或缺如 ……… 南美莉竹屬
			❸枝節具刺或不具刺，籜耳、籜舌通常明顯 ……… 蓬萊竹屬
		❷枝節不具刺	❸稈籜早落性 — ❹節隆起，籜耳、籜舌顯著，籜葉卵形乃至卵狀披針形，直立或反捲，葉片通常較大 ……… 麻竹屬
			❹節隆起或平坦，籜耳、籜舌顯著或不明顯，籜葉卵狀三角形，開展或反捲 ……… 巨草竹屬
			❸稈籜遲落性或宿存 — ❹稈籜遲落性，厚革質，籜耳、籜舌發達，籜葉卵形乃至卵狀披針形，直立或反捲 ……… 頭穗竹屬
			❹稈籜宿存性，幼時常有淺黃色縱條紋，質薄而軟，節平坦，籜耳、籜舌不發達或不顯著，籜葉卵狀三角形至長三角形，直立 ……… 廉序竹屬

蓬萊竹屬

Bambusa, Schreber in Gen. Pl. 236. 1789

模式種：茨竹（緬甸莿竹）*Bambusa arundinacea* Willd.

↑ 金門縣林試所苗圃的
長枝竹防風籬。

別名	莿竹屬（中國竹類植物圖志、中國竹類彩色圖鑑、竹的種類及栽培利用、世界竹藤）
異名	*Arundarbor* O. Kuntze, 1891　　　*Ischurochloa*, Buse, Miq. Pl. Jungh. 389. 1854 *Bambos*, Retzius, Obs. 5. 24. 1789　*Leleba*, Rumphius ex Teijsmann & Binnendijk, 1866 *Bambus*, Gmelin, Syst. 579. 1791　　*Lingnania*, McClure, 1940 *Beesha*, Kunth, Syn. 1. 253. 1822

喬木或灌木狀，稈直立，稀有蔓性者。節間長或短；節隆起，每節具1～多數枝條，枝節有刺或無。

稈籜早落性，通常為革質；籜耳及籜舌通常顯著；籜葉三角形乃至卵狀披針形。

葉一簇3～15枚，葉片扁平，以短葉柄連接葉鞘；葉脈通常為平行脈，或呈不規則格子狀；葉耳幼時大多顯著，老則脫落，邊緣有剛毛；葉舌顯著。

花序側生，通常為一大圓錐花叢，有時為頭狀花。小穗1～多數聚生枝節，每小穗含1～多朵小花，通常頂端的1～2朵為不孕性花；苞片及護穎多枚；外稃闊大，縱脈多數；內稃具龍骨線；雌蕊子房卵狀或倒卵狀；花柱短；柱頭3，有時1～2，特長，羽毛狀；雄蕊6枚，花絲長或短；花藥闊線形；鱗被3枚，膜質。

果實圓柱形，似麥粒；種皮薄，微突。

本屬為竹亞科之大家族之一，約有100種，分布熱帶及亞熱帶地區。台灣現有20種（species）、3變種（variety，簡寫var.）、2型（forma，簡寫form.或f.）、9栽培種（cultivar，簡寫cv.），共34種。

❶	❷	❸	❹	❺	❻
❶ 枝節有彎曲尖刺	❷ 刺堅硬，稈籜表面密布棕黑色細毛，籜耳大，疏生或叢生棕色剛毛	❸ 稈籜邊緣密生金黃色軟毛，籜舌狹小，邊緣有毛，籜葉卵狀三角形直立或反捲，背、腹兩面均有毛 ……… 茨竹			
		❸ 稈籜全緣無毛，籜舌顯著，尖齒緣，上端疏生剛毛，籜葉三角形乃至卵狀披針形，無毛	❹ 稈與枝條均為綠色 ………莿竹		
			❹ 稈與枝條黃色具綠色縱條紋 ……… 林氏莿竹		
	❷ 刺柔性，僅生於初生枝下部節上，上部節上多退化，稈籜表面被有不明顯小剛毛，籜耳兩邊大小不等，籜舌邊緣囓蝕狀，籜葉早落性，直立 ……… 籓竹				
❶ 枝節無刺	❷ 稈高大型，一般超過12公尺	❸ 稈籜無毛，或有時在基部有少許刺毛	❹ 籜耳細，兩邊近等大，狹長圓形 ……… 南洋竹		
			❹ 籜耳兩邊稍不等大，卵形或橢圓形 ……花眉竹		
		❸ 稈籜有毛	❹ 籜耳細小	❺ 稈籜疏生細毛，籜舌顯著，籜葉尖卵形至橢圓狀披針形 ……… 竹變	
				❺ 稈籜密生棕黑色細毛，籜舌狹細，芒齒緣，籜葉三角形或卵狀披針形，表、裡基部有毛 ……… 烏腳綠竹	
			❹ 籜耳發達而顯著	❺ 稈籜密布棕色細毛	❻ 稈及枝綠色，平滑無毛 ……… 長枝竹
					❻ 稈及枝黃色至金黃色，具綠色縱條紋 ……… 條紋長枝竹
				❺ 稈籜表面被白粉，密生黑色貼生粗硬毛，籜耳兩邊不等形，為長橢圓形或卵形，具皺褶，邊緣有屈曲纖毛，籜舌狹，籜葉特大，廣卵狀三角形，通常可圍稈一周	❻ 稈及枝均為綠色 ……… 大耳竹
					❻ 稈淺黃色至黃色，具綠色縱條紋 …… 條紋大耳竹
				❺ 稈籜表面密布暗棕色細毛，籜耳形似耳朵，邊緣有毛，籜舌狹細，籜葉尖卵狀三角形，先端尖 ……… 泰山竹	❻ 稈黃色至橙黃色，具綠色縱條紋 ……… 金絲竹
					❻ 稈在下半部者節間極短，且膨大如佛肚狀 …… 短節泰山竹

①	②	③	④	⑤	⑥
❶ 枝節無刺	❷ 稈高度中等，一般在10公尺至12公尺之間	❸ 稈籜無毛	❹ 稈均為正常稈，亦即為圓筒狀稈	❺ 籜葉狹三角形，無毛 ……… 綠竹	
				❺ 籜葉略呈不相對稱之卵狀三角形 ……… 長節竹	
			❹ 稈分正常稈與畸形稈兩種	❺ 稈為圓筒狀之正常稈，暗綠色 ……… 佛肚竹	
				❺ 稈為節間短縮膨大之葫蘆狀，黃色具綠色縱條紋 ……… 黃金佛肚竹	
		❸ 稈籜有毛，有時無毛或為早落性	❹ 稈籜有時無毛或早落性，籜耳不顯著	❺ 稈為正常之綠色或深綠色 ……… 火廣竹	
				❺ 稈具帶有色之縱條紋	❻ 稈為淺黃綠色或橙黃色，具綠色縱條紋 ……… 金絲火廣竹
					❻ 稈為綠色或暗綠色，具乳白色縱條紋 ……… 銀絲火廣竹
			❹ 籜耳顯著	❺ 籜舌顯著，密生棕色剛毛，籜葉三角形乃至狹三角形 ……… 硬頭黃竹	
				❺ 籜耳邊緣密生剛毛，籜舌狹細，籜葉卵狀狹三角形	❻ 籜舌上端無毛，葉鞘全緣無毛 ……… 八芝蘭竹
					❻ 籜舌上端有剛毛，葉鞘表面密生銀白色細毛 ……… 長毛八芝蘭竹
				❺ 稈籜幼時有柔毛，老則脫落而光滑，籜葉早落性，三角形至狹三角形 ……… 青皮竹	
				❺ 籜耳兩邊大小不一，上端密生剛毛，籜舌極顯著，尖齒緣，上端密生棕色細毛，籜葉三角形乃至狹三角形 ……… 烏葉竹	
	❷ 稈高中等至小型，一般在10公尺以下	❸ 稈籜革質	❹ 稈籜脫落或宿存，籜耳顯著，兩邊不等大，籜舌顯著，籜葉早落或宿存，廣披針形至狹長三角形，大部分葉片具乳白色縱條紋 ……… 變葉竹		
			❹ 稈籜脫落，籜耳細小或不顯著，籜舌狹細，籜葉狹三角形	❺ 葉片闊線狀披針形，長6~20公分，寬1~2公分，表面鮮綠色 ……… 蓬萊竹	❻ 葉片具乳白色縱條紋 ……… 鳳翔竹
					❻ 稈及枝條為橙黃色具深綠色縱條紋 ……… 蘇枋竹
				❺ 稈纖細，枝短，葉片細小，長2.5~6.0公分，寬0.5~1.0公分，10~20枚排成2列	❻ 稈及枝條均為綠色 ……… 鳳凰竹
					❻ 稈及枝條呈淺黃乃至橘紅色，具綠色縱條紋 ……… 紅鳳凰竹
		❸ 稈籜薄紙質，狹長，表面疏生淡棕色細毛，脫落性，籜耳細小，有毛，籜舌截狀，籜葉鑿形或線狀披針形 ………… 內文竹			

茨竹

Bambusa arundinacea（**Retz.**）**Willd.**, in Sp. Pl. 2：245. 1799

別　名	貌子竹、緬甸莿竹（台灣竹亞科植物之分類）；印度莿竹（中國竹類植物圖志、世界竹藤）
異　名	*Bambos arundinacea* Retz., Obs. Bot. 5：24. 1789
英　名	giant thorny bamboo、India bamboo
原產地	東南亞熱帶地區
分　布	中國江南各省。1967年由泰國引進種子育苗。目前除林業試驗所蓮華池研究中心有小面積栽植之外，僅栽植於各地竹類標本園。

　　本種稈形高大，站立在竹叢下難免有威脅感，加上其枝節上有尖刺，更足以令人懾服。除了喜馬拉雅地區及甘地斯河谷（Ganges Valley）之外，廣泛分布於印度、緬甸、斯里蘭卡（前錫蘭，Ceylon）等地。其竹材堅韌，稈壁厚，可作為建築、製造農具等材料，亦為優良的造紙原料。1967年隨附著在所採集之標本上的種子引進台灣後，在林業試驗所中埔分所（現改稱中埔研究中心）之外埔試驗地設有與梨果竹混植的試驗地。

↑ 茨竹枝節上有尖刺，稈籜是沒有掉落而倒掛在節上的樣子。

形態特徵

稈：稈高10~24公尺，徑5~15公分；節隆起，節間長30~40公分；稈壁厚1~5公分；枝節有彎曲尖刺2~3枚。

稈籜：稈籜革質，幼時為橙黃色，密布棕黑色細毛，邊緣密生金黃色軟毛；籜耳大而闊，狹長形，係由籜葉基部所延伸而成，疏生棕色剛毛；籜舌狹小，高2公厘，邊緣有毛；籜葉卵狀三角形，直立或略反捲，背面基部具棕色刺毛，腹面密被黑褐色刺毛。

葉：葉一簇 5~11 枚，闊線狀披針形，長 7~22 公分，寬 0.5~1.5 公分，先端尖，基部鈍形或近圓形，表面光滑，背面有毛；側脈 4~6，細脈 7~9，平行脈；葉緣密生刺狀毛；葉柄長 0.5 公分；葉耳細小，密生剛毛；葉舌狹小，全緣；葉鞘無毛，邊緣微毛。

小穗：小穗4~12個聚生枝節，長1.1~2.5公分，每小穗含小花3~6朵；護穎2枚，卵狀橢圓形，長3.5~5.5公厘，縱脈10~15，無毛；外稃較護穎長，卵狀橢圓形，長6~8公厘，縱脈13~17，無毛，全緣；內稃與外稃相似，龍骨線之間有縱脈3~5，兩側各2，龍骨線上密生細毛；雌蕊之子房倒卵狀，上部有毛，維管束3；花柱短；柱頭3，羽毛狀；雄蕊6枚，花絲線狀而短；花藥黃色，長3~5公厘；鱗被3枚，倒卵形，長1.5~2.5公厘，頂端具毛緣。

果實：果實卵狀橢圓形，長 4~8 公厘，徑1.5~2.4公厘，先端尖，背面有溝，果皮薄。

功 用

材質堅韌，可供作建築、農具、編織、手工藝等，亦為優良造紙原料。

↑ 茨竹竹稈高大，枝葉茂密。

南洋竹

***Bambusa beecheyana* Munro**, in Trans.Linn.Soc. 26：108, 1868

別　名	釣絲球竹（香港竹譜）；吊絲球竹、甜竹、馬尾竹、大頭典、大頭竹、坭竹（中國竹類植物圖志、世界竹藤）
異　名	*Dendrocalamopsis beecheyana*（Munro）Keng f. 1983（中國竹類植物圖志、世界竹藤） *Neosinocalamus beecheyanus*（Munro）Keng f. et Wen, in J. Bamb.Res. 4（2）：18. 1985（中國竹類彩色圖鑑） *Sinocalamus beecheyanus*（Munro）McClure
英　名	Beechey bamboo
原產地	廣西、廣東、海南等地，常見於河岸、村邊與路旁。
分　布	本種可能於早年即已由中國引進台灣，約與下一種之竹變為同時期，但很奇怪的是到現在為止，其性狀、形態等從未見於台灣之竹類有關文獻中。目前僅栽植於各地竹類標本園內。

　　本種種名*beecheyana*係為紀念航海家F.W. Beechey而命名，他在1827年駕船到澳門，停泊於澳門期間，船員G. T. Lay第一次在該地採集到本種標本。南洋竹竹態優美，梢端下垂似釣絲狀，故有釣絲球竹之名。耿伯介（Keng，P.C.）將本種從蓬萊竹屬（*Bambusa*）改隸屬於綠竹屬（*Dendrocalamopsis*），中文名稱為「烏尾麻竹」（中國成都望江樓公園竹種名錄，1997）。

形態特徵

　　稈：稈高7~15公尺，直徑7~14公分；頂梢下垂。節間稍彎曲，光滑無毛，長25~35公分，幼時被白粉；節下常環生一圈棕色絹毛。基部節上常有短氣根。枝條通常於稈部第6或第7節開始分出，3至多數簇生於節上；主枝明顯較粗而長，且基部較膨大。

←由別名「甜竹」即可知其竹筍味美，可供食用。

稈籜：稈籜早落性，革質；籜片背面
　　　肋紋隆起，基部有時貼生少許
　　　刺毛，肩部近寬圓形，頂部則
　　　近截形。籜耳細，近等大，狹
　　　長圓形，外翻，邊緣被波曲狀
　　　剛毛。籜舌高4~5公厘，邊緣具
　　　齒或短流蘇狀毛。籜葉直立或
　　　稍外展，卵形至狹卵形，基部
　　　稍收縮變窄。

　葉：枝條3~多數，著生於主枝上的
　　　葉片通常較寬大，長圓狀披針
　　　形至橢圓狀披針形，長15~37公
　　　分，寬3.5~6.0公分；著生於側
　　　枝上之葉片通常較小，披針形
　　　至長橢圓狀披針形，長9.5 ~14
　　　公分，寬1.3~2.0公分，無毛，
　　　背面橫小脈明顯。葉鞘被淡棕
　　　色小刺毛。葉耳細小或缺如，
　　　或僅存少數剛毛。

↑ 幼稈薄被白粉。

↑ 新稈筍籜尚存，表示還沒有完成生長。

↑ 籜耳及籜葉基部收縮的形態。

功　用

竹材堅硬，可作為建築、竹筏、水管之
用。竹筍味美可食用。

竹變

Bambusa beecheyana Munro var. *pubescens*（P.F. Li）Lin,
in Cooperative Bull. T.F.R.I. & J.C.R.R. 6：2. 1964

別　名	麻竹舅、大頭典竹、吊絲球竹（台灣竹亞科植物之分類）；新竹、榮竹、大頭甜竹、朱村甜竹（中國竹類植物圖志）
異　名	*Sinocalamus beecheyana*（Munro）McClure var. *pubescens* Li, in Sunyatsenia 6（3-4）：205. 1946 *Dendrocalamopsis beecheyana* Munro var. *pubescens*（P.F. Li）Keng f.（中國竹類植物圖志、世界竹藤） *Neosinocalamus beecheyanus*（Munro）var. *pubescens*（P.F.Li）Keng f. et Wen, in Journ. Bamb. Res. 4（2）：18. 1985（中國竹類彩色圖鑑）
分　布	廣東、廣西及香港。台灣於早期即已由先民自中國引進。中、南部栽培較盛。

　　由「竹變」這個名字即可得知其為某種竹子的變異種，其原種就是南洋竹。地方居民習慣以「麻竹舅」或「莿竹舅」稱之，「舅」是「像」或是「類似」的意思，因其葉片稍大像麻竹，會彎曲的竹稈又似莿竹所致。本變異種雖然早期即已引進台灣，但在林業試驗所的已故竹類專家林維治於1958年採集標本發現之前，有關台灣竹類文獻中還看不到它的名字，當時亦僅於南投竹山、彰化社頭及雲林古坑等3鄉的交界處有零星栽培，其他各地均未發現，後來農復會及林業試驗所以其產筍期長、量豐而積極推廣，現於中、南部地區已普遍栽植。

形態特徵

　稈：稈高達15公尺，徑亦可達14公分，全稈略呈彎曲狀；節隆起，節間長20~40公分，節環下有毛環生，老則脫落；枝條3 ~多數，中央主枝較大，兩旁者顯然較細小。

稈籜：籜耳細小，疏生剛毛；籜舌顯著，高達7公厘，無毛，

→ 竹稈籜表面疏生細毛，頂部兩旁圓形，中央凹入或呈截狀。

細齒緣；籜葉尖卵形乃至橢圓狀披針形，先端尖細，基部略狹，無毛，反捲。

葉：葉一簇8~16枚，橢圓狀披針形，長10~30公分，寬1.5~6.0公分，先端尖銳，基部略圓形；側脈7~11，細脈7，平行脈；葉緣一邊密生刺狀毛，另一邊則疏生或全緣；葉柄短；葉耳不顯著；葉舌圓頭形，細齒緣；葉鞘表面有微毛。

花：花為大圓錐花序。小穗1~6個叢生，長2~3公分，徑4~7公厘，綠色略帶淡棕色；護穎通常2枚，闊卵形；外稃卵狀橢圓形，長6~14公厘，寬4~10公厘，先端尖，底部截狀，表面及邊緣有毛；內稃長7公厘，寬2~3公厘，龍骨線間縱脈2，龍骨線上密生細毛；子房卵狀乃至長卵形，上部微毛；柱頭2，羽毛狀；雄蕊6枚；花藥黃色，闊線形；鱗被3枚，長1公厘，頂端密生細毛。

↑本種為南洋竹之變種。其主要不同點在於：幼時稈基部節間全部被柔毛，分枝習性低。頂梢稍彎曲而不下垂。

←竹變的小穗及小花。

功　用

竹材供建築及造紙材料。竹筍供食用，可製筍乾及罐頭。葉片為釀酒時添加之香料。

筋竹

Bambusa dissemulator **McClure**

別　名	坭筋竹（中國竹類植物圖志）；坭竹（竹的種類及栽培利用）
原產地	中國廣東番禺及增城縣
分　布	廣西，福州、廈門有栽培。多栽於農村房舍四周，為綠籬或防風之用。本種為1980年由尼加拉瓜帶回的標本中，所帶種子播種培育之種子苗，目前栽植於各地竹類標本園中。

　　根據記錄，1980年由尼加拉瓜帶回的筋竹標本中含有種子，故本種引進台灣有「夾帶」或是「順手牽羊」嫌疑，因為其種子是跟著標本被帶進台灣。由此可知台灣目前各標本園中所栽植者是種子苗的分身，而這批植株下次再度開花會是何時，將是件值得關心期待的事。2004年10月，為了規劃金門縣竹類標本園，曾前往中國大陸考察，當時在成都望江樓「竹的公園」挖到5公分左右的種子苗3株，小心帶回台北栽植，可惜並未存活。

形態特徵

稈：稈多直立，高達15公尺，徑5~7公分；頂梢直立或稍彎垂；節隆起，節間綠色，最下部有時有白色環紋，平滑或初時被微柔毛；近基部之稈壁厚約1公分。

稈籜：稈籜脫落性，近革質；先端寬，橄欖綠色，被有不明顯小剛毛；籜耳發達，兩邊大小不等，小者卵形，大者長橢圓形至長圓形，表面被有不明顯之柔毛，背面有小剛毛；籜舌中間高7公厘，兩邊2~3公厘，邊緣具嚙蝕狀粗缺刻和白色纖毛；籜葉直立或外翻，脫落性，卵形或卵狀披針形，先端漸尖，基部近心形，表面平滑，邊緣具倒向纖毛，背面有向上小剛毛。

←筋竹的初生枝在最下部節上有柔刺2~4支，上部節上則多退化。

葉：葉一簇5~14枚，披針形，長7~22公分，寬1~3公分；先端銳尖或漸尖，基部圓形或漸狹，表面平滑無毛，背面疏生柔毛；側脈不明顯，3~6對，小橫脈不存在。葉柄極短，兩面均具刺毛，或兩面均無毛。葉舌極短，頂端全緣，無毛。

小穗：小穗2枚以上，著生於小枝之每一節上，披針形，長約3公分；護穎卵形，先端鈍，背部膨大，薄紙質；小花4~5朵，最上端之2至數朵退化；外稃披針形，長12公厘，先端鈍或銳尖；內稃與外稃等長或長短互見，先端全緣，鈍頭，具2龍骨線；雌蕊子房倒卵形，花柱1，極短，柱頭3，具小刺毛；雄蕊花絲呈糸狀，花藥先端鈍，凹頭。尚無成熟穎果之記錄。

↑ 籬竹的竹稈多為直立狀。

↑ 新筍上的籜，請注意籜片上的毛、籜舌及向外翻捲的籜葉。

↑ 籬竹稈及新筍。

長枝竹

Bambusa dolichoclada Hayata, in Icon. Pl. Form. 6：144. f. 54.1916, 7：95. 1918

別　名	長枝竹仔、桶仔竹（台灣竹亞科植物之分類）
異　名	*Leleba dolichoclada*（Hayata）Odashima in Journ. Soc. Trop. Agr. 8：58, f. 4. 1936
英　名	long branch bamboo，long shoot bamboo
原產地	台灣原生種。
分　布	台灣全島，以北部海拔300公尺以下地區最多，中部則通常栽植於田埂及農舍周圍以作為防風林，台南關廟一帶有廣大面積的造林。

　　長枝竹以竹稈基部有甚長的枝條而得名，是台灣原生竹種中赫赫有名的經濟竹種之一。其竹材性質優良，因此在1960~1980年台灣竹產業的黃金時代，曾以編織手工藝製品替台灣爭取了不少外匯。本種在台南烏山頭水庫流域、關廟一帶有大面積造林，也常利用於農地田埂上築成防風籬，最有名者當推1960年代在彰化縣埔鹽一帶實施農地重劃工作，一大片農地規劃成100×100公尺區塊，每100公尺就有1條縱向好幾百公尺長的「綠色長城」，非常壯觀，其竹種就是長枝竹。現已遭破壞而殘缺不全，甚為可惜。

形態特徵

稈：稈高6~20公尺，徑4~10公分，幼稈綠色無毛，被有白色粉末，老稈棕綠色；節間長20~45公分；節隆起，稈壁厚5~12公厘；枝條多數叢生於稈節。

稈籜：稈籜厚革質，表面密布棕色細毛；籜耳突出，卵狀長圓形，兩邊不等大，邊緣波浪狀，上端叢生短剛毛；籜舌顯著，高2~2.5公厘；籜葉三角形，直立，先端尖，基部兩旁廣闊，表面平滑或疏生細毛，背面有黑紫色小刺毛。

←竹叢的整體形象。

↑ 長枝竹是優良防風竹種，植為竹廊道甚為壯觀。

葉：葉一簇5~13枚，闊線狀披針形，長12~25公分，寬1.2~3.0公分，先端尖銳，基部鈍形，表面暗綠色，背面幼時具細毛或微毛；側脈6~8，細脈9，平行脈；葉緣一邊密生刺狀毛，另一邊則疏生；葉柄長2~4公厘；葉耳突出，幼時叢生棕色剛毛；葉舌圓形，芒齒緣；葉鞘長4~6公分，微毛。

↑ 幼稈被有白色粉末，且枝條多叢生於稈節。

功用

本種材質優良，可供建築、農具、器具等之用，也為編織手工藝品之最優材料，關廟一帶曾經盛極一時的編織工藝，即係以本種為材料，屬於台灣重要竹種之一。

小穗：小穗3~9，長3~4公分，徑6~8公厘，棕綠色，含有小花4~12朵；護穎2，尖卵狀，先端漸尖，長2.0~4.5公厘，寬1.5~2.0公厘，縱脈14，無毛；外稃卵形，先端尖，長9公厘，寬6公厘，縱脈18~20，橫小脈顯著；內稃長8.5公厘，龍骨線間縱脈5，兩側各3，龍骨線上密生細毛；雌蕊長7.5公厘；子房倒卵形，長2公厘，徑1公厘，微毛，維管束3；花柱短，柱頭3，羽毛狀，長5.5公厘；雄蕊6；花藥長4.5公厘，頂端具2孔；鱗被3枚，倒卵形，長2公厘，上部密生細毛。

條紋長枝竹

Bambusa dolichoclada Hayata, 'Stripe'

異 名	*Bambusa dolichoclada* Hayata cv. *Stripe* Lin, in Bull. Taiwan For. Res. Inst. 98：15. f. 9. 10. 1964
原產地	台灣原生種。
分 布	嘉義及南投一帶，各地竹類標本園均有栽培。

　　本種是由長枝竹所產生的變異種，乃由台灣竹類研究的第一人，任職於前台灣省林業試驗所的林維治先生發現而命名。其竹稈及枝條初時為黃綠色乃至淺綠色，其後變成灰黃色至金黃色，間雜深綠色縱條紋，相當醒目而亮麗，非常適合作為景觀栽植之用。

　　在台灣現有大型叢生型竹類中，稈及枝條為黃色或橙黃色、具綠色縱條紋而形象類似的竹子有3種，即：條紋長枝竹、林氏莿竹和金絲竹。3種之間的區別如下檢索表：

　　　A.每節枝條為3支且在節上有刺 ………………………… 林氏莿竹

　　　AA.枝條為多數、且枝節上無刺

　　　B.幼稈被有白色粉末，籜葉呈三角形，

　　　　　基部兩旁廣闊不內縮 …………………………… 條紋長枝竹

　　　BB.幼稈無白色粉末，籜葉為尖卵狀三角形、

　　　　　基部內縮而變狹 ……………………………………… 金絲竹

　　把握以上幾個重點即很容易識別此3種竹子。

形態特徵

　　本栽培種為由長枝竹產生之變異品種，其特徵為：（1）籜舌闊而高，上端密生剛毛；（2）稈籜表面灰綠乃至淺綠色，有奶黃色縱條紋；（3）稈及枝呈黃綠色乃至淺綠色，其後漸變為灰黃色乃至金黃色，並具暗綠色縱條紋。

←幼稈初期為淡黃綠色，其後變為金黃色加綠色縱條紋。

↑ 成熟稈及枝條均呈金黃色，觀賞價值甚高。　　↑ 籜葉呈三角形。

功　用

竹稈甚為美麗，可作為優良之觀賞植物外，其他用途同長枝竹。

←竹叢高大壯觀。

火廣竹

***Bambusa dolichomerithalla* Hayata**, in Icon. Pl. Form. 6：146. f. 55.
1916，7：95. 1918

別　名	火吹竹，火管竹（台灣竹亞科植物之分類）
異　名	*Leleba dolichomerithalla*（Hayata）Nakai, in Journ. Jap. Bot. 9：16. 1933
英　名	blow-pipe bamboo
原產地	台灣原生種。
分　布	於中南部之低海拔地區，溪流兩岸尤多。北部地區如台北、桃園、新竹、苗栗、及宜蘭等縣多栽植於田埂以作為耕地防風林。

　　台灣原生種，又叫火管竹或是火吹竹，由其別名可知從前用竈煮飯炒菜時，常以本竹筒作為吹氣興火之用。製作方法為鋸一段帶有一個竹節的節間，在竹節的橫隔壁上鑽一個小洞，然後由無節的另一方吹氣即可使火苗更加旺盛。筆者小時候住的鄉下則稱為火筒竹，同樣的製作方法，加上一支小木棍或是小竹稈，前端綁上布條像是鼓槌狀，就成為可以互相打水戰的水槍。台灣苗栗以北地區的耕地防風籬主要就是利用本竹種。

形態特徵

　稈：稈高4~10公尺，徑2~5公分，幼時綠色，老則變成棕綠色，平滑無毛；節間長25~60公分；節隆起；稈壁薄；枝條多數叢生於稈節。

稈籜：稈籜革質，表面平滑無毛，有時密生細毛；籜耳不顯著；籜舌狹小，或近於不顯著；籜葉三角形，先端尖，全緣而無毛。

↑ 火廣竹的開花枝及小花。

↑ 火廣竹之竹筍。

葉：葉一簇5～11枚，闊線狀披針形，長9～27公分，寬1.5～3.5公分，先端尖，基部楔形，側脈5～7，細脈7～10，平行脈；葉片一邊密生刺狀毛，另一邊則疏生；葉柄短；葉耳顯著，幼時叢生白色剛毛，老則變為棕色，繼而脫落；葉舌圓形；葉鞘平滑無毛。

小穗：小穗單一，著生於枝節，長4～6公分，徑1.0公分，每一小穗含6～8朵小花；護穎2，尖卵形，長8公厘，表面無毛，全緣；外稃尖卵狀橢圓形，長2.0～2.2公分，寬8～11公厘，先端尖，表面無毛，縱脈19～23，橫小脈顯著，全緣；內稃長1.6公分，寬6公厘，先端3叉，邊緣有毛，龍骨線間之縱脈7，兩側各2～3，龍骨線上密生細毛；雌蕊長6公厘，子房倒卵形，長2公厘，徑1.3公厘，表面密布軟毛，具維管束2；花柱短；柱頭3，長4公厘，羽毛狀；雄蕊6，花藥黃色，長1.1公分，寬1.5公厘；鱗被3，膜質，表面平滑無毛，長4公厘，寬2公厘，全緣。

↑火廣竹單叢形象。

功用

竹材可製團扇、燈籠及其他工藝品；亦常栽植以供觀賞之用。

金絲火廣竹

Bambusa dolichomerithalla Hayata,'Green-stripestem'

異　名	*Bambusa dolichomerithalla* Hayata cv. *Green-stripestem* Lin, in Bull. Taiwan For. Res. Inst. 98：18. f. 11，12. 1964
原產地	台灣原生種。
分　布	中南部淺山地帶，各地竹類標本園均有栽培。

　　在火廣竹的變異品種中算是較爲固定的一種。竹稈幼時爲淺黃綠色，具淺綠色縱條紋，老稈則呈淺黃色至橙黃色，帶深綠色縱條紋。

　　在台灣現有中型大小的叢生型竹類中，稈及枝條爲黃色至橙黃色、具綠色縱條紋的竹種，除本種之外還有蘇枋竹，兩種之間的差異如下檢索表：

　　A.在竹筍之初期，有時在筍籜表面會有褐色細毛，

　　　　老則脫落或無毛，籜耳不顯著，籜葉爲三角形 … 金絲火廣竹
　　AA.筍籜光滑無毛，籜耳細小，

　　　　籜葉則爲狹三角形 ………………………………………… 蘇枋竹

形態特徵

　　本栽培種爲由火廣竹產生之變異品種。其特徵爲：（1）幼稈淺黃綠色，具淺綠色縱條紋；（2）老稈轉變爲橙黃色，有深綠色縱條紋；（3）筍籜淺綠色，具淺黃色縱條紋。

←金絲火廣竹竹稈上具綠色縱條紋。

↑ 筍籜尚未脫落的新稈。

↑ 枝條多數叢生於稈節。

↑ 金絲火廣竹植株。

↑ 葉耳叢生白色剛毛。

←葉呈闊狀披針形。

功　用

竹材可製團扇、燈籠及其他工藝品；亦常供各地庭園
栽植觀賞用。

銀絲火廣竹

Bambusa dolichomerithalla Hayata, 'Silverstripe'

異　名	Bambusa dolichomerithalla Hayata cv. Silverstripe Lin, in Bull. Taiwan For. Res. Inst. 271：40. 1976
原產地	台灣原生種
分　布	中南部淺山地帶。各地竹類標本園均有栽培。

　　同樣由火廣竹變異而來，其稈為深綠色、具奶黃色縱條紋數條，然通常會在3年生以上即消失，不甚穩定，有時還會在金絲火廣竹的竹叢中同時出現。

形態特徵

　　本栽培種係由火廣竹產生之變異品種。其特徵為：（1）筍籜表面具奶黃色條紋，密布暗褐色細毛，邊緣密生棕色軟毛，老則脫落；（2）稈深綠色有光澤，1、2年生幼稈有黃白色（奶白色）縱條紋，3年生以上即消失；（3）葉脈略呈不規則格子狀。

↑ 銀絲火廣竹的種子。

功用

竹材可製團扇、燈籠及其他工藝品；亦常供各地庭園栽植觀賞用。

↑ 銀絲火廣竹單叢形象。

↑ 幼稈有黃白色縱條紋。

↑ 葉脈略呈不規則格子狀。

↑ 綠稈上乳白色條紋很容易消失，或與金絲火廣竹混生在一起。

烏腳綠竹

Bambusa edulis（**Odashima**）**Keng**, in Nat. Cent. For. Inst. Inform. 9：
6. 1964

<table>
<tr><td>別　名</td><td>烏腳綠、鬍綠、鬍腳綠、四季竹（台灣竹亞科植物之分類）</td></tr>
<tr><td>異　名</td><td>*Leleba edulis* Odashima, in J. Soc. Trop. Agr. 8（1）：59. f. 4. 1936
Dendrocalamopsis edulis（Odashima）Keng f.（中國竹類植物圖志）</td></tr>
<tr><td>英　名</td><td>edible bamboo</td></tr>
<tr><td>原產地</td><td>台灣原生種。</td></tr>
<tr><td>分　布</td><td>在北部的基隆、台北、桃園、新竹、宜蘭及花蓮一帶，海拔300公尺以下地區均有栽培。</td></tr>
</table>

在台灣原生竹種之中，竹筍口味無出其右，甚至不輸給最受歡迎的綠竹。烏腳綠竹因筍籜密布棕色細毛而不易親近，但味道可是最鮮美的竹種。中、南部生產者常將「竹變」與本種混用，由於兩者口味不盡相同，因此不知情的主婦們常不認同本種為味美竹種，嚴重影響本種在北部菜市場的銷路，似有替「竹變」背黑鍋的感覺。兩者之間的區別如下檢索表：

A. 筍籜密生棕色細毛、籜片基部尤多、

　　籜耳不顯著或細小而平坦 ························· 烏腳綠竹

AA. 筍籜疏生細毛、籜耳細小而突起，疏生剛毛 ··········· 竹變

↑ 烏腳綠竹的小穗，筆者自1985年以來到現在尚無看到有雌、雄蕊露出的完全開花。

形態特徵

稈：稈高10~20公尺，徑4~12公分，全稈略彎曲；節隆起，幼稈節上密生棕色細毛；節間長15~50公分；稈壁厚1.0~2.0公分；枝條多數叢生。

稈籜：稈籜表面密布棕黑色細毛，下部尤多；籜耳細小或不顯著；籜舌狹細，高1~5公厘，芒齒緣；籜葉三角形或卵狀披針形，先端尖，表面及背面基部有毛。

功用

竹稈稍彎曲而不直，可作為建築、造紙原料。竹筍味美可供為食用，亦作為製筍乾及罐頭的原料。各地栽培之主要目的即為採筍。

↑烏腳綠竹的竹筍，籜上被滿黑褐色毛。　↑烏腳綠竹的竹筍園。

葉：葉一簇9~13枚，橢圓形或闊線狀披針形，長10~33公分，寬
　　2.5~4.5公分，先端尖，基部鈍形或圓形，表面無毛，背面密布細
　　毛，側脈6~10，細脈9，平行脈；葉緣密生刺狀毛；葉柄短，長
　　2~4公厘；葉耳細小，叢生棕色剛毛；葉舌圓狀，芒齒緣；葉鞘長
　　4.5~15.0公分，平滑無毛。

小穗：小穗1~4聚生枝節，長3.0~3.7公分，徑5公厘，每小穗含4~12朵小
　　花；護穎2，卵形，先端尖，長6~10公厘，寬5~7公厘，表面及邊
　　緣密生細毛；外稃卵形，長1.4公分，寬1.0公分，縱脈2~5，橫小脈
　　顯著，邊緣密生細毛；內稃橢圓狀披針形，長1.0公分，寬6公厘，
　　先端尖，表面密生細毛，龍骨線間縱脈4，兩側各2~3，龍骨線上密
　　生細毛，邊緣亦然；雌蕊長9公厘；子房尖卵形，長2公厘，徑1公
　　厘，具維管束3；花柱長1.8公厘；柱頭2，羽毛狀；雄蕊6，花絲長8
　　公厘；花藥闊線形，長6公厘，先端針狀突出；鱗被3，長卵形，長
　　2公厘，寬1公厘，邊緣密生細毛。

硬頭黃竹

Bambusa fecunda McClure, in Lingn. Univ. Sci. Bull. 9：9. 1940

別　名	海南硬頭黃（竹的種類與栽培利用）；嫣竹、硬鞘筍竹、苦藤竹（中國竹類彩色圖鑑）
異　名	*Bambusa boniopsis* McClure, in Lingn. Univ. Sci. Bull. 9：7. 1940
原產地	中國華南
分　布	本種通常發現於台灣凡有客家人居住的地區，因此推測是早期客家籍先民由中國引進。以新竹、桃園及苗栗等縣的客家村落較多。

　　目前在台灣凡是有客家人居住的鄉鎮聚落，較易見到本種普遍分布種植，因此硬頭黃竹被認為可能是早年由客籍先民由中國引進。硬頭黃竹主要作用為提供耕地作為防風籬的栽植，也因其竹材堅硬，因此又可供建築、製造農具之用。林維治認為本種與中國四川所產、別名同樣稱為「硬頭黃」的*Bambusa rigida* Keng et Keng f. 類似而可能為同種。惟據陳嶸的「竹的種類及栽培利用」（1984），於廣東海南稱海南硬頭黃者，學名即為*Bambusa fecunda* McClure，與本書中所列者同。究竟何者較正確，有待實際核對台灣、海南及四川3地區中文名相同的竹種方能確定，換句話說，本種尚存討論空間。

↑ 發筍期的硬頭黃竹。

形態特徵

稈：稈高5~12公尺，徑3~10公分；節顯著隆起；節間長20~40公分；
枝條多數叢生。

稈籜：稈籜早落，表面密布黑棕色細毛；籜耳顯著，叢生棕色剛毛；籜舌
顯著，密生棕色剛毛；籜葉三角形乃至狹三角形，先端尖，基部不
向內彎曲縮小，表面無毛。

葉：葉一簇4~13枚，闊線狀披針形，長10~15公分，寬1.0~1.5公分，
先端尖，基部楔形，表面無毛，背面密生細毛；側脈5~6，細脈7，
平行脈；葉緣有一邊密生刺狀毛，另一邊疏生；葉柄短；葉耳細小
或不顯著，叢生棕色剛毛；葉舌圓形，芒齒緣；葉鞘長3~7公分，
表面微毛。

花不詳。

→硬頭黃竹單叢形象。

功 用

竹材堅硬，可供作建
築、農具及造紙之原
料。中北部地區種植作
為耕地防風林，故亦為
優良的防風竹種。

變葉竹

Bambusa glaucifolia **Ruprecht**, in Bambuseae：147, 1839

原產地	本種原產地不詳，目前台灣栽植者，係於1981年由新加坡引進。

　　本種屬於灌木型竹類，形態和鳳翔竹及白條唐竹相當類似，其實這些竹種之間的差異，就是變葉竹與蓬萊竹之間的差異，以及合軸叢生型竹類與地下莖橫走側出、合稈叢生型竹類之間的差異。檢索表列示如下：

A.地下莖為直立型地下莖，稈為合軸叢生

　　B.稈籜表面之基部具黑褐色短毛，籜耳顯著 …………………… 變葉竹

　　BB.稈籜表面平滑無毛，籜耳不顯著 ………………………… 鳳翔竹

AA.地下莖有直立型與匍匐型兩種，橫走側出

　　擴散生育範圍，稈合軸叢生 ………………………… 白條唐竹

形態特徵

稈：稈高0.6~3.0公尺，徑0.5~2.5公分；節略隆起或平坦；節間長5~30公分，略彎曲，有時各節交互歪斜而稍呈曲折狀，幼時節間之上半部具脫落性黑褐色短刺毛，老時脫落變為粗糙或光滑；近稈基部處之稈壁厚約6公厘。

稈籜：稈籜脫落或宿存，革質；表面基部近節環處具黑褐色短刺毛，後則脫落而略存；籜片長三角形，向頂部漸狹小呈弧形，頂端截形或略凸，邊緣具短褐色毛，其包被稈部在外之一側尤多；籜耳顯著，兩邊不對稱，略橢圓形至長橢圓形，長3~4公厘，寬3公厘，頂端疏具短纖毛；籜舌亦明顯，中央略隆起呈拱弧狀，平滑無毛；籜葉早落性或於稈基部者宿存，廣披針形至狹長三角形，基部變狹為鈍圓形，稈上方之籜葉基部更狹細呈短柄狀而與籜片相連，先端尖銳，長3~10公分，基部最寬處寬5~13公厘（攝於稈基部者較小而直立，稈之中、上部者較大而向外開展、平展或略斜下，有時較籜片為長。

←筍籜尚未脫落的新稈。

功　用
主要為觀賞用。

↑ 變葉竹屬灌木型竹類。

枝條： 枝條1~多數，主枝1，通常較粗大，細枝上葉片4~16枚一簇。

葉： 葉披針形至廣披針形（攝於小枝上者通常較小，長5~15公分，寬
0.5~1.5公分；主枝上者較大，長15~23公分，寬1~4公分；先端漸
尖或銳尖，頂端為尖刺狀，基部鈍圓形；表面鮮綠色，光滑，背面
灰綠色，逆向觸摸略感粗糙，大部分葉片具寬狹不等之乳白色縱條
紋，少數不變而保持綠色，葉緣為細鋸齒狀緣；主脈於表面不明顯
（攝於背面則隆起；側脈於幼時不明顯，至老則較明顯而於背面稍

隆起，左右各4~5，細脈
多數，均為平行脈；葉柄
細而短，長1公厘；葉耳
略隆起，不具肩毛；葉舌
亦略隆起，較葉耳矮，細
齒緣；葉鞘表面無毛，或
於頂部稍具軟絨毛，邊緣
有細毛。

↑ 變葉竹的葉片大部分都有寬窄不同的乳白色縱條
紋。

註 本種學名原為*Bambusa variergata* Sieb.，今查「The Bamboos of the World」
（Ohrnberger & Goerrings，1990）一書，發現此學名為稚子竹（*Pleioblastus
fortunei*）之異名（synonym）。2006年5月間有機會前往新加坡，特別抽空前往新加
坡植物園，找出本種核對學名，並予以改正如上。又據「The Bamboos of the World」
（Ohrnberger & Goerrings，1990），本種已被改訂為*Schizostachyum glaucifolium*
（Ruprecht）Munro，亦即：上面所示學名應變為此新學名的異名，惟本書仍按照新加
坡植物園之標示，採用*Bambusa glaucifolia* 之學名。

長節竹

Bambusa longispiculata Gamble ex Brandis

別 名	花眉竹（中國竹類植物圖志）
原產地	中國廣東，廣西有栽培。
分 布	台灣係於1980年由薩爾瓦多引進，目前在各地的竹類標本園有栽植。農委會林業試驗所之蓮華池及太麻里研究中心設有包括本種的栽植試驗地。

　　本竹種是林維治於1980年自南美洲薩爾瓦多引進，但原產地是在中國廣東省。引進台灣之後，尚僅在試驗性造林階段，即陷入台灣竹產業沒落的泥沼中，無法發揮其優良的材性，甚為可惜。目前台灣的造林試驗地是在林業試驗所蓮華池研究中心（有2處）及太麻里研究中心，參試竹種尚有：大耳竹、花眉竹、馬來巨草竹、菲律賓巨草竹、條紋巨草竹、南美莉竹及烏魯竹等，連本種共8種。

形態特徵

稈高：稈高5~12公尺，徑3~5公分；節間長30~35公分，稈下部之節間有時具黃綠色或淡綠色之縱條紋，節上下各有一圈灰白色毛環。

稈籜：稈籜於新鮮時常具黃綠色縱條紋，革質，早落性，光滑無毛，先端稍向一側傾斜而呈不對稱之寬弧拱形，邊緣密生短纖毛；籜耳顯著，惟兩邊之大小、形狀均不相同，大耳長圓形，稍下垂，小耳近圓形，兩者邊緣均密生細毛；籜舌高4~5公厘，邊緣具不規則細齒狀裂或條裂，密生短纖毛；籜葉直立，略呈不相對稱之卵狀三角形，基部稍收縮為圓形後，再向兩側外延而與籜耳相連。

↑ 長節竹單叢形象。

葉：葉片線狀披針形，長
　　9~15公分，寬1.0~1.5公
　　分，背面密生短柔毛。

↑ 末脫落之稈籜。

↑ 長節竹全叢形象。

↑ 長節竹枝葉。

←稈下部之節
　間有時具黃
　綠色或淡綠
　色縱條紋。

功　用
稈堅硬，厚實，可供製農具、支柱及棚架用材。

蓬萊竹

Bambusa multiplex（**Lour.**）**Raeuschel**, Nom. Bot. Ed. 3.103. 1797

別　名	觀音竹、孝順竹、鳳尾竹（台灣竹亞科植物之分類）；鳳凰竹（中國竹類植物圖志）；月月竹、四季竹、桃枝竹、繞絲竹、黃竹（中國竹類彩色圖鑑）
異　名	*Bambusa shimadai* Hayata, Icon. Pl. Form. 6：59.1916 *Arundo multiplex* Loureiro, Fl. Cochinch. 150. 1790 *Leleba multiplex*（Lour.）Nakai, in Journ. Jap. Bot. 9：1, 1933 *Ludolphia glaucescens* Willd., in Ges. Naturf. Freunde Berl. Mag. 2：320.1808 *Arundinaria glaucescens*（Willd.）Beauv., Essai Agrost. 144.152. 1812 *Bambusa glaucescens*（Willd.）Sieb. ex Munro inTrans. Linn. Soc. 26：89. 1868
英　名	hedge bamboo
原產地	熱帶地區，全球各地普遍栽培。
分　布	台灣北部、中部各縣多栽植於田埂為耕地防風林，或植於庭園供觀賞。

　　蓬萊竹雖是引進種，但是確切引進年代不詳，其普遍栽植於台灣各地鄉間。筆者小時候生長的鄉間稱其為「觀音竹」，印象中它與火筒竹一樣非常親密，大家常用它來製作「嗶啵銃」，「銃」就是「槍」，以「嗶啵子」當子彈，打起來有「嗶啵」聲，而且還相當痛，我們就以此「槍」打戰，也以火筒竹打水戰，甚是熱鬧。「嗶啵子」其實就是朴樹的果實，在沒有朴樹果實時，就利用以水沾濕的小紙團當子彈，打起來更響更痛。異名中的第一個*Bambusa shimadai*中文名為石角竹，是由日人早田文藏博士命名，拉丁學名的種名是紀念島田彌市，中文名則是以採集地命名，表示採自台北士林的石角庄，林維治氏將之歸併為本種。

形態特徵

稈：稈高1~5公尺，徑1~3公分，有時高達10公尺，徑亦達4.5公分，幼稈粉綠，老稈深綠乃至棕綠色；節隆起；節間長12~30公分；稈壁厚4~7公厘；枝條多數叢生。

稈籜：稈籜表面平滑，邊緣無毛；籜耳細小；籜舌狹細；籜葉狹三角形，先端尖銳。

←蓬萊竹的小花。

↑ 蓬萊竹是絕佳的庭園造景植物。

葉：葉一簇5~20枚，長6~20公分，寬1~2公分，先端尖，基部圓形，
　　表面無毛，背面粉白，密生細毛，側脈5~7，細脈5~8，平行脈；
　　葉緣一邊密生刺狀毛，另一邊則疏生；葉柄短，長2~4公厘；葉耳
　　顯著，卵形，叢生棕色剛毛；葉舌圓頭或截狀，芒齒緣；葉鞘長
　　2~4公分，微毛。

小穗：小穗單一著生枝節，罕有2~3，長3~4公分，徑5公厘，每小穗含
　　4~8朵小花；護穎2，廣卵形，長4~6公厘，寬3~4公厘，表面無
　　毛，全緣；外稃卵狀橢圓形，長1.2~2.0公分，寬6~9公厘，表面
　　無毛，縱脈19~23，橫小脈顯著，全緣；內稃長1.2~1.8公分，寬
　　4~6公厘，先端二叉，微毛，龍骨線間縱脈11，兩側各3~4，龍骨
　　線上及邊緣無毛；雌蕊長8公厘；子房倒卵形，長1.2~2.0公厘，徑
　　0.8~1.5公厘，表面有毛，具維管束3；花柱短；柱頭3，羽毛狀；雄
　　蕊6；花絲長1.0~2.2公分；花藥黃色，長7~12公厘；鱗被3，大小
　　不一，膜質。

果實：果實橢圓狀披針形，長9.0~9.5公厘，徑
　　2.5~2.8公厘，背面有淺溝，頂端微毛。

功　用

竹材可供製傘骨、傘柄、
玩具、竹蓆及其他工藝
品。民間植為綠籬、耕地
防風林、觀賞用。

蘇枋竹

Bambusa multiplex（Lour.）Raeuschel, 'Alphonse Karr'

別　名	七弦竹（台灣竹亞科植物之分類）；花孝順竹、花竹、線竹（中國竹類彩色圖鑑）；小琴絲竹（中國竹類植物圖志）
異　名	*Bambusa multiplex*（Lour.）Raeuschel cv. *Alphonse Karr*（Satow）Young, in Agr. Handb. Dept. Agr. U.S.A. 193：40.1961 *Bambusa multiplex*（Lour.）Raeuschel form. *Alphonse-karri*（Satow）Nakai，in Rika Kyo-Iku 15：6. 1932 *Leleba multiplex*（Lour.）Raeuschel form. *Alphonse-karri*（Satow）Nakai，in Journ. Jap. Bot. 9（1）：14.1933 *Bambusa alphonse-karri* Satow，in Trans. Asi. Soc. Jap. 27：91. pl. 3. 1899 *Bambusa nana* Roxb. var. *alphonse-karri*（Satow）Marliac ex Camus，Les Bamb. 121. 1913
英　名	Alphonse Karr bamboo
分　布	為引進種。全島各地零星栽培供觀賞。

　　由蓬萊竹產生的變異品種，從世界各地普遍栽植以供觀賞之情勢看來，其變異的產生歷史甚早。在台南開元寺有此竹種，稱作「七弦竹」者，根據傳說，鄭成功的妃子甚愛此竹，該竹即是由她所植，此傳說的真實度如何不得而知，如果是真，則其引進台灣的歷史亦是相當早。

←葉呈披針形。

形態特徵

　　本栽培種係由蓬萊竹所產生之變異品種。其特徵為：竹稈及枝條節間為橙黃色具深綠色縱條紋；稈籜表面黃綠色具黃白色條紋。

功用

竹材可供製傘骨、傘柄、玩具、竹蓆及其他工藝品。民間植為綠籬、耕地防風林、觀賞用。

↑ 蘇枋竹的花。

↓ 蘇枋竹竹稈看起來清新而亮眼。

↓ 蘇枋竹單叢形象。

鳳凰竹

Bambusa multiplex（Lour.）Raeuschel, 'Fernleaf'

別　名	鳳尾竹（台灣竹亞科植物之分類：中國竹類植物圖志）
異　名	*Bambusa multiplex*（Lour.）Raeuschel cv. *Fernleaf* Young, in Agr. Handb. Dept. Agr. U.S.A. 193：40. 1961 *Bambusa multiplex*（Lour.）Raeuschel var. *elegans*（Koidzumi）Muroi, in Sugimoto, New Keys Jap. Tr. 457, 1961 *Ischurochloa floribunda* Buse in Miquel，Pl. Jungh. 390.1851 *Bambusa floribunda*（Buse）Zollinger & Maur. ex Steudel，in Syn. Pl. Gram. 330. 1854 *Leleba floribunda*（Buse）Nakai in Journ. Jap. Bot. 9（1）：10. pl. 1, 1933 *Leleba elegans* Koidz., in Acta Phytotax. Geobot. 3：27, 1934 *Bambusa nana* Roxb. *Bambusa nana* Roxb. var. *gracillima*（non Kurz）Makino ex Camus, in Les Bamb. 121. 1913 *Bambusa multiplex*（Lour.）Raeuschel var. *nana* Keng f.（竹的種類與栽培利用）
英　名	fernleaf hedge bamboo
原產地	東南亞。1909年由日本引進。

←鳳凰竹的葉片較細小。

鳳凰竹也是由蓬萊竹所產生的變異，在已經「久居」台灣的竹種中，應是葉片最小型的竹種，整齊而密集地排成兩排，甚是好看，也很容易辨識。一般常種植鳳凰竹來作為路邊的綠籬，嘉義縣竹崎鄉的竹崎公園中，有兩大片林下栽植的栽植區，經過修剪後很美觀，但很可能是由本種和紅鳳凰竹混植而成。

竹叢中常會出現像原竹種（即蓬萊竹）葉片大小相同的植

功用

竹葉細小排成羽毛狀，甚為美觀，可供植盆栽、庭園觀賞，其他用途同蓬萊竹。

株，我們稱之爲「返先祖」現象，充分表現其栽培品種不穩定的特性。

形態特徵

　　本栽培種係由蓬萊竹所產生之變異品種。其特徵爲：（1）稈較纖細，枝亦較短；（2）葉排列成2列，10~20枚，甚至有時多達30枚或以上；（3）葉片細小，長2.5~6.0公分，寬0.5~1.0公分；平行脈3~4；（4）葉耳長卵形，突出，邊緣生有棕色短毛。

↑鳳凰竹單叢形象。

紅鳳凰竹

Bambusa multiplex（Lour.）Raeuschel, 'Stripestem'

別 名	條紋鳳凰竹（台灣竹亞科植物之分類）
異 名	*Bambusa multiplex*（Lour.）Raeuschel cv. *Stripestem* Young,in Agr. Handb. Dept. Arg. U.S.A. 193：41. 1961 *Bambusa nana* Roxb. f. *viridi-striata* Makino, in Journ. Jap. Bot. 1（8）：28. 1917 *Bambusa floribunda*（Buse）Zollinger f. *viridi-striata* Nakai, in Rika Kyo-Iku 15（6）：66. 1932 *Leleba floribunda*（Buse）Nakai, in Journ. Jap. Bot. 9（1）：12. 1933
英 名	stripestem fernleaf bamboo
分 布	本栽培種係於1965年由日本沖繩縣林業試驗場引進。在台灣普遍種植於公私庭園以供觀賞，或作為綠籬。

↑ 數叢群植之紅鳳凰竹。

紅鳳凰竹與鳳凰竹的不同處，主要是在於竹稈的顏色。鳳凰竹的竹稈為正常的綠色，本種則為淺黃色或是淡紅色而具有綠色縱條紋。同樣常被栽植為綠籬，但是以綠籬來栽植時，常因修剪使枝葉層甚低，其帶色而美麗的竹稈反而很容易被忽略掉。

形態特徵

本栽培種亦係由蓬萊竹所產生之變異品種。其葉部之特徵與鳳凰竹相同，不同之特徵為：竹稈及枝條的節間呈淺黃乃至紅色，並具有寬窄不規則的綠色縱條紋。

↑ 紅鳳凰竹的葉片及稈。

↑ 紅鳳凰竹的單叢形象。

↑ 紅鳳凰竹的竹稈呈淺黃乃至紅色（右圖），並有寬窄不規則的縱條紋。

鳳翔竹

Bambusa multiplex（Lour.）Raeuschel,'Variegata'

異　名	*Bambusa multiplex*（Lour.）Raeuschel f. *variegata*（Camus）Hatusima,in Fl. Okinawa, 128, 1967 *Bambusa glaucescense*（Lour.）Munro f. *variegata*（Camus）Muroi et Sugimoto, *Bambusa nana* Roxb. var. *normalis* f. *vitato-argentea* Makino, in Bot. Mag. Tokyo, 14：62，1900 *Bambusa nana* Roxb. var. *variegata* Camus, in Bamb. 121, 1913 *Bambusa multiplex*（Lour.）Raeuschel f. *vitato-argentea* Nakai, in Rika Kyo-iku, 15：67, 1932 *Leleba multiplex*（Lour.）Nakai f. *variegata* Nakai, in J. Jap. Bot. 9：16, 1933
原產地	本變異種發生於日本，據推測係由蓬萊竹之種子苗中出現之變異。
分　布	本變異種據前林業試驗所森林生物系鄭盛棟先生之說法，是由日本人所贈送，植於林業試驗所台北植物園內，僅1株，由其分株所得分株苗則植於新竹縣竹類標本園內（設於內灣）。

　　鳳翔竹也是由蓬萊竹所產生的變異，其特徵主要爲葉片帶有乳白色縱條紋，有些竹稈的基部偶爾也會出現白色細縱條紋，由於白色條紋的出現主要是在新葉期，因此有時容易因沒有明顯的變異葉而被忽略，這也是它能夠在林試所台北植物園的竹區「藏匿」將近10年，到1987年左右才被時任該所森林生物系主任的筆者所發現的原因。

　　詢問負責管理該區的同仁鄭盛棟，得知其是由來園參觀的日本人所贈送。接受人家贈送竹苗卻也沒有留下大名，想來當時林試所也有疏忽。現在根據資料追蹤，可能是在1979~1982年3年間，曾經擔任台中日本人學校校長的藤本義昭所贈，由於他本身也是禾本科植物包括竹類的分類學者，所以在任職該校期間即曾在全台各地採集過，必然也造訪過台北植物園，「好東西供人共賞」義行可風，特爲之記。

形態特徵

　　爲蓬萊竹之變異品種。稈具少數白色縱條紋，葉片上則有較多數的白色縱條紋。其白色條紋的出現因時而異，晚秋至早春、或是經修剪之後出現之新葉，其白色條紋較多。

↑ 鳳翔竹的葉片，大都具白色縱條紋。

↑ 鳳翔竹的單叢形象。

<table>
<tr><td>功　用</td></tr>
</table>

功　用

竹材可供製傘骨、傘柄、玩具、竹蓆及其他工藝
品。民間常植為綠籬、耕地防風林、可作觀賞用。

內文竹

Bambusa naibunensis（Hayata）**Nakai**, in Rika Kyo-Iku 15：（6）
67. 1932

別　名	恆春矢竹、恆春青籬竹，內門竹（註）（台灣竹亞科植物之分類）：內份竹（中國竹類植物圖志）
異　名	*Arthrostylidium naibunensis*（Hayata）Lin，in Flo. of Taiwan, Vol. V. 744，pl. 1500，1978 *Chimonobambusa naibunensis*（Hayata）McClure & Lin，in Bull. Taiwan For. Res. Inst. 248：49. f. 22. 1974 *Arundinaria naibunensis* Hayata，in Journ. Coll. Sci. Univ. Tokyo, 30：408, 1911 *Pseudosasa naibunensis*（Hayata）Makino & Nemoto，in Fl. Jap. ed. 2, 1389. 1931 *Pleioblastus naibunensis*（Hayata）Kanehira & Sasaki，in Journ. Soc.Trop. Agr. 4：13. 1932 *Leleba naibunensis*（Hayata）Nakai, in Journ. Jap. Bot. 9：（1）16, 1933 *Drepanostachyum naibunensis*（Hayata）Keng f.（中國竹類植物圖志）
英　名	Naibun bamboo
原產地	本種為台灣原生種，產地在恆春半島。

↑ 內文竹的種子，採自信賢苗圃（2003年）。

在台灣原生竹種之中，其名稱最爲混亂者莫過於內文竹，由其所列異名名稱之多即可體會，或許是因爲其形態嫻雅、柔美、細膩，又是灌木型竹類，這些特殊的特徵使得各屬都想「拉攏」所致。其實它最大的特徵就是屬於直立型地下莖的叢生竹類，而異名中好幾個屬名是屬於所謂的複合型，也就是散生型竹類。名字中的種名是以發現地命名，1907年當時的Nai-bun-sha（內文社）是原住民部落，轄屬恆春廳，後來曾經遷村，因此原發現地目前情況如何已不得而知。

形態特徵

稈：稈高3~6公尺，徑0.5~1.0公分，細長圓筒形，梢部稍下垂；節間長12~28公分；節略隆起；枝條纖細，多數叢生。

稈籜：稈籜薄，紙質，狹長，頂端及底部截狀，表面疏生淡棕色細毛；籜耳細小，有毛；籜舌截狀；籜葉鑿形或線狀披針形，先端尖，無毛，全緣。

↑ 內文竹的葉片呈披針形或闊線狀披針形。

葉：葉一簇5~7枚，有時多達10枚，長6~14公
分，寬0.5~1.2公分，側脈2~3，細脈5~8，
平行脈；葉柄長3~6公厘；葉耳不顯著；葉
舌突出，毛緣；葉鞘長7~15公分，平滑無
毛。

小穗：小穗2~10個聚生枝節，長2~4公分，每小
穗含小花1~6朵；苞片尖卵形；護穎2，長
橢圓形；外稃橢圓形，長10~12公厘，寬
3~4公厘，縱脈7~11；內稃長7~11公厘，
寬2~3公厘，2龍骨線之間縱脈3~4，兩側
各3；子房倒卵形，不具維管束；花柱短；
柱頭2，羽毛狀；雄蕊3，罕有4；花絲長；
花藥黃色；鱗被3，長1.5~2.0公厘，寬0.8~1.0公厘，頂部微毛。

↑ 內文竹之單叢形象。

穎果：穎果線狀披針形，長5~7公厘，徑1公厘，先端漸尖，背面有縱溝。

註 本種由日本人中原源治（Genji Nakahara）氏於1907年2
月，在當時之恆春廳「內文蕃社」（Koshun＝恆春；Naibun
＝內文）發現，1911年由早田文藏氏以採集地為種名，訂
名為*Arundinaria naibunensis* Hayata。經查早期（1961年
以前）之文獻，本種之中名均稱「恆春青籬竹」、「恆春箭
竹」或「恆春矢竹」。1961年，林維治氏在其「台灣竹科植
物分類之研究」中，稱本種之中名為「內門竹」，為「內門
竹」之首次出現，此顯然為產地名「Naibun」之誤譯。

按：「內門」兩字之日語發音為「nai-mon」而絕不會發成「nai-bun」，極有可能將
高雄縣之內門鄉當作「內文社」，而當時之內門應屬潮州廳。內文應為現在屏東縣獅
子鄉之內文村一帶（採集地即昔日之「內文社」，該社後來曾經遷村）。此事作者已
於2001年3月出版之「現代育林」雜誌上撰文詳加探討並予以訂正，謹供參考。

功用

竹稈圓直細長，可作為
優良工藝用材。植株纖
細而雅致，竹枝及竹
葉均極美觀，為優良觀
賞、綠籬竹種。

綠竹

Bambusa oldhamii **Munro**, in Trans. Linn. Soc. 26：109. 1868

別　名	坭竹、毛綠竹、甜竹、烏藥竹（台灣竹亞科植物之分類）；吊絲球竹、長枝竹、郊腳綠（中國竹類植物圖志）
異　名	*Leleba oldhamii*（Munro）Nakai, in J. Jap. Bot. 9（1）：16. 1933 *Sinocalamus oldhamii*（Munro）McClure, in Lingn. Univ. Sci. Bull. 9：67. 1940 *Dendrocalamopsis oldhami*（Munro）Keng f.（中國竹類植物圖志）
英　名	green bamboo，Oldham bamboo
原產地	中國南部。
分　布	台灣由先民移居時引進，早期是在淡水發現，目前栽培面積將近5,000公頃，均以採筍為目的。

　　綠竹算是在我們平日飲食生活中，最常出現的竹筍料理之一，尤其是在夏天，餐廳端出上面覆蓋一層白醋的乳白色筍塊，就是綠竹。它是早期隨先民由中國遷移來台的竹種，根據早田文藏（1916）的記錄，採集地點是在林圯埔（竹山舊地名），惟W. Munro（1868）更早的記錄是在淡水。學名中的種名*oldhami*就是紀念在淡水英國領事館任職的R. Oldham，因他在1864年間受到R. Swinhoe之託，在基隆及淡水一帶採集標本，本種應即為其中之一。

←綠竹筍籜未脫之新稈。

形態特徵

　稈：稈高6~12公尺，徑3~12公分；節間長20~35公分，節隆起；稈壁厚0.4~1.2公分；枝條多數叢生。

稈籜：稈籜表面平滑無毛，邊緣亦無毛；籜耳顯著，邊緣有毛；籜舌狹且細，高1.0公厘；籜葉狹三角形，無毛。

　葉：葉一簇6~15枚，橢圓狀披針形，長15~30公分，寬3~6公分，先端尖，基部圓形，背面有毛，側脈9~14，細脈7，格子狀，葉緣具刺狀毛；葉柄短，長2~6公厘；葉耳顯著，邊緣密生剛毛；葉舌圓頭或截狀，芒齒緣；葉鞘長7~15公分，微毛。

↑古時「居有竹」表示是「雅士」，筆者前住宿舍後院種有綠竹，主要還是為了採竹筍。

小穗：小穗3~14聚生枝節，長2.7~3.0公分，徑7~10公厘，每小穗含有小花5~9朵；護穎2片，尖卵形，長9~10公厘，寬8公厘，無毛，縱脈25；外稃尖卵形，長1.7公分，寬1.3公分，先端尖銳，表面無毛，縱脈31，橫小脈顯著，邊緣有毛；內稃長1.3公分，寬4公厘，2龍骨線間有縱脈5，兩側各2，龍骨線及邊緣密生細毛；雌蕊長1.3公分；子房卵形，長2公厘，徑1公厘，表面密布軟毛，具3維管束；花柱長2公厘；柱頭3，羽毛狀；雄蕊6；花絲長2.3公分；花藥黃色，長8公厘，頂端尾狀突出；鱗被2，有時3，膜質，卵狀披針形，長3.5公厘，寬1.0公厘，上端有毛。

功用

竹材可供製作手工藝品，亦可作為造紙原料。竹筍味美，為夏秋季之美餚，所製成之罐頭曾大量外銷，賺取鉅額外匯，屬台灣重要竹種之一。

↑葉呈橢圓狀披針形。

蓬萊竹屬

79

八芝蘭竹

Bambusa pachinensis **Hayata,** in Icon. Pl. Form. 6：150. 1916

別　名	矢竹、冇咸、米篩竹、空涵竹（台灣竹亞科植物之分類）
異　名	*Leleba pachinensis*（Hayata）Nakai, in Journ. Jap. Bot. 9（1）：17. 1933 *Leleba beisitiku* Odashima, in Journ. Soc. Trop. Agr. 8（1）：57. f. 3. 1936
英　名	Pachi bamboo
原產地	台灣原生種。
分　布	低海拔地區，北部為台北、桃園、宜蘭；南部在恆春；東部則以花蓮地區較多。

　　本種也是以產地命名的台灣原生竹類，種名*pachinensis* 之 pachina 是士林舊名，「八芝蘭」。在別名中有「冇咸」（台語別名之發音為 pa-ham，所以可能是「冇涵」這兩個字，意思可能是指其節間 ham 並不堅實 pa-pa）、「米篩竹」，兩者都是在北部及東北部（蘭陽地區）一帶的別稱，其中米篩竹曾由日本人小田島喜次郎氏於1936年發表為新種，學名為 *Leleba beisitiku* Odasima。林維治認為兩個別名的產生是因為生育地環境不同所致，即：生長在瘠地者形體矮小、節間短，稱為「冇咸」；生長於較肥沃地或山中者甚為高大，節間亦長，鄉人名曰「米篩竹」或同樣稱「冇咸」，其實兩者為同一種，且認為米篩竹與八芝蘭竹亦係同一種，遂將之歸併為八芝蘭竹，而米篩竹即成為其異名。

↑八芝蘭竹的竹稈及葉片。

形態特徵

　　　　稈：稈高2~10公尺，徑1.0~6.0公分；節隆起，節間長15~70公分；稈壁厚15~35公厘；枝條多數叢生。

　稈籜：稈籜表面密生棕色細毛，全緣；籜耳顯著，邊緣密生剛毛；籜舌狹細；籜葉卵狀狹三角形，直立，先端尖銳，基部左右向內彎曲，表面、背面均無毛，邊緣下部有毛。

　　　　葉：葉一簇5~13枚，闊線狀披針形，長8~20公分，寬1.5~2.5公分，

↑ 八芝蘭竹帶籜新稈。　　　　　↑ 八芝蘭竹單叢形象。

先端尖，基部鈍形，略為偏斜，表面暗綠色，背面密生細毛，側脈5~8，細脈8~9，平行脈；葉緣之一邊密生刺狀毛，另一邊則疏生；葉柄短，長2公厘；葉耳突出，卵形，邊緣生有剛毛；葉舌圓頭或截狀，芒齒緣；葉鞘長4~8公分，全緣而無毛。

小穗：小穗3~6聚生枝節或更多，長3~4公分，徑4公厘，每小穗含小花4~5朵；護穎2，卵狀披針形，長6公厘，寬2.4公厘，縱脈7，下部邊緣有毛；外稃卵狀橢圓形，長11~13公厘，寬9公厘，先端尖，無毛，縱脈17~19，橫小脈顯著，全緣；內稃卵形，長9~11公厘，寬5~7公厘，先端尖銳，2龍骨線間縱脈5~6，兩側則各4~5，橫小脈顯著，龍骨線上端有毛；雌蕊長8公厘；子房倒卵形，長3公厘，徑1.2公厘，表面密布細毛，維管束3；花柱短；柱頭3，長5公厘，羽毛狀；雄蕊6；花藥紫色，長6公厘；鱗被3，長4~5公厘，寬1.2~1.5公厘，上端密生細毛。

功用

竹材供為製作農具及工藝用材。北部及南部恆春一帶廣植於住宅周圍、田埂常利用來作為防風林。

↑ 八芝蘭竹之開花枝、小穗及小花。

長毛八芝蘭竹

Bambusa pachinensis **Hayata var.** *hirsutissima*（**Odashima**）**Lin**, in
Bull. Taiwan For. Res. Inst. 98：21. 1964

異　名	*Leleba beisitiku* Odashima var. *hirsutissima* Odashima, in Journ. Trop. Agr. 5：58, f. 3.1936 *Leleba pachinensis*（Odashima）var. *hirsutissima*（Odashima）Lin, in Taiwan For. Res. Inst. 69：61. f. 28, 29. 1961
英　名	hairy Pachi bamboo
原產地	台灣原生種
分　布	北起基隆，南迄恆春，均有栽植，桃園南崁一帶尤多。

　　由八芝蘭竹變異而來，其與原種之差別主要在於：本變異種的籜舌上端有毛，以及葉鞘表面有毛。種名的*hirsutissima*即為「鬚毛」之意。本變種發表時歸屬於米篩竹之變種，後因米篩竹歸併到八芝蘭竹，所以也隨之變成八芝蘭竹的變種。

　　在此順便提出一個問題來和大家一起思考，就是竹類的變種（variety，拉丁文為varietas，簡寫var.）問題。按照植物分類學上（其他生物也是一樣）的定義，變種是分類群的階級之一，指在同一物種之中，形態上的形質（characteristics）明顯可以與基本型加以區別，而該形質是能夠遺傳的植物集團而言，通常會有獨自的分布區域。遺傳（heredity或inheritance）是指親本的形質同樣能夠在其子代、或是以後的世代中出現的現象。也就是說，某項與基本種（原種）可以明顯區別的形質，要能夠遺傳給以後的世代才能算是變種。即以本變種為例，其籜舌上端有毛以及葉鞘表面的毛，是否能夠同樣出現在它以種子繁殖的後代，即是變種成立的

關鍵。現在既然以變種將之定位，是否表示以前在發現這些變異之後，曾經過有性生殖（sexual propagation）的過程，而其子代（種子苗）仍然出現這些變異？又如果這些變異形質的固定（能夠重複出現），是透過分株或是扦插等之無性繁殖（asexual prop-

←長毛八芝蘭竹之單葉簇。

agation）得來，那它只能定位於栽培品種（cultivar, 簡寫為cv.）而不能定位為變種。下面還有一些例子，如金絲竹、龜甲竹等都是值得檢討的問題。

形態特徵

　　本變種為由八芝蘭竹所產生之變種。其與原種不同之處，在於：（1）葉鞘表面密生銀白色細毛；（2）籜舌上端生有剛毛。其他特徵與原種似。

↑ 長毛八芝蘭竹之帶籜竹稈。

↑ 長毛八芝蘭竹之竹籜，左為背面，右為腹面，示籜舌上有毛。

| 功 用 |

竹材可供製作農具及工藝之用。北部及南部恆春一帶廣植於住宅周圍、田埂以作為防風林。

↑ 是台灣原生種。分布極廣，北起基隆，南迄恆春，均有栽植，桃園南崁一帶尤多。

莿竹

***Bambusa stenostachya* Hackel**, in Bull. Herb. Boiss. 7：725. 1899

別　名	坭竹、鬱竹（台灣竹亞科植物之分類）；大勒竹、烏藥竹、雞爪箣竹（竹的種類及栽培利用）
異　名	*Ischurochloa stenostachya*（Hackel）Nakai, in Rika Kyo-Iku 15：68. 1932 *Bambusa blumeana* Schult. f. 1830（中國竹類植物圖志、世界竹藤）
英　名	thorny bamboo
原產地	中國海南、中南半島、印尼（爪哇、婆羅洲）、馬來西亞及印度等地。
分　布	早期即已引進台灣，本種在台灣的栽培面積達3萬餘公頃，以中、南部較多。

　　根據林維治（1967）的敘述，台灣栽培的莿竹是由E. Hackel於1899年定名為*Bambusa stenostachya*，並認為是台灣原生種，80多年來沿用至今（指1967年當時）。惟據林維治觀察鑑定，認為台灣莿竹的各部器官形態完全類似菲律賓所產的南洋刺竹（*Bambusa spinosa* Roxb.），所以應是早

↑ 莿竹的枝節上有尖刺3枚。

↑ 稈籜表面密布棕褐色細毛。

期即由菲律賓引進。由於本種未曾在台灣的天然林中發現，而與麻竹、綠竹等引進種同樣多出現於平地、田莊，所以不論是否與南洋刺竹為同種，屬於引進種的可能性較高。本種耐乾旱，從前的農舍周圍常植有本種，除用為防風林外，尚有保護家園的意味在。前台灣省政府倡中潭公路要綠美化，林務局埔里林區管理處即在北山坑村莊對面溪邊的崩塌地種植本種，快速成林，十分成功，一時在林業界傳為美談。

形態特徵

　稈：稈正直，高5~24公尺，徑5~15公分，幼稈綠色，老稈變為棕綠色；節隆起，節間長13~35公分，竹稈基部之節環上生有氣根；稈壁厚0.8~3.0公分；枝條在稈基部附近有時僅1支，中、上部則為3支，枝節上有尖刺3枚，略彎曲，堅硬。

稈籜：稈籜表面密布棕褐色細
毛，全緣；籜耳擴大，上
端叢生棕褐色剛毛；籜舌
顯著，尖齒緣，上端疏生
剛毛；籜葉三角形乃至卵
狀披針形，先端尖銳，表
面無毛。

葉：葉一簇5~9枚，闊線狀披
針形，長10~25公分，
寬0.5~2.0公分，先端尖
銳，基部鈍形或圓形，側
脈5~6，細脈8~9，格子
狀；葉緣之一邊密生刺
狀毛，另一邊則疏生或
全緣；葉柄長2~4公厘；

↑ 莿竹的枝條基部有短刺。

葉耳倒卵形，邊緣生有棕色剛毛；葉舌近圓形，芒齒緣；葉鞘長
3.5~6.0公分，幼時表面有毛。

小穗：小穗2~6聚生枝節，長2.5~4.0公分，每小穗含有小花4~12朵，其
中完全花約有2~5朵；護穎2，長2公厘，表面及邊緣無毛；外稃卵
狀橢圓形，長6~9公厘，寬2.5~4.0公厘，先端尖，表面無毛，縱
脈9~11，全緣；內稃長7公厘，寬1.8公厘，頂端二分叉，龍骨線間
縱脈3，兩側各3，邊緣密生細毛；雌蕊長4公厘；子房似瓶狀，長
1.2~2.0公厘，具2維管束；花柱短；柱頭3，羽毛狀，長2公厘；雄
蕊6，花絲長6~7公厘；花藥黃色，長3~4公厘；鱗被3，倒卵形，
長1公厘，上端有毛。

果實：穎果如胡麻粒大小，卵形。

　　林維治氏（1976）認為台灣的莿竹應與產於菲律賓的南洋莿竹
（*Bambusa spinosa* Roxb.）為同種，其理由除各部器官形態極為類似外，
因南洋莿竹在菲律賓分布甚廣，而台灣、
菲律賓僅一水之隔，且南部原住民與呂宋
北部的人民為同一種族，其於早期即由菲
律賓引進乃極為可能之事。

功用

竹材材質優良，可供為建築、農具、家
具、編織等之材料。又本種耐乾旱、耐
水浸，可作為崩場地復舊、或河堤固定
之好材料，也是優良防風竹種。

林氏莿竹

Bambusa stenostachya Hackel, 'Wei-fang Lin'

異　名	*Bambusa stenostachya* Hackel cv. *Wei-fang Lin* in Bull. Taiwan For. Res. Inst. 98：12, f. 13, 14. 1964
英　名	Lin's thorny bamboo
原產地	台灣產生之變異品種。

　　林氏莿竹是由莿竹產生的變異種，林維治在1959年於林業試驗所台北植物園發現後，即於1964年命名並發表於林業試驗所報告第98號為新栽培種。栽培種名"*Wei-fang Lin*"係林維治氏（1964）為紀念林渭訪氏而命名。林渭訪氏為前台灣省林業試驗所第一任所長，早年留學德國，是樹木分類學家以及造林學家，對二次大戰後台灣的林業建設貢獻良多。

形態特徵

　　本栽培種係由莿竹所產生之變異品種。其特徵為：（1）稈及枝條之節間為淺黃色，後則轉變為橙黃色，具深綠色縱條紋；（2）幼時之筍籜表面灰綠色，有奶黃色條紋。

↑ 林氏莿竹的稈及枝條。

↑ 林氏莿竹之單叢。

↑ 稈籜尚未脫落之竹稈。

↑ 林氏莿竹之單叢形象。

功用

台灣北部有些地方將其栽植於庭園以供觀賞。由於竹材材質優良，因此可供為建築、農具、家具、編織等之材料。又本種耐乾旱、耐水浸，可為崩塌地復舊、或河堤固定之好材料，也是優良防風竹種。

←林氏莿竹稈上具深綠色條紋。

青皮竹

Bambusa textilis **McClure**, in Lingn. Univ. Sci. Bull. 9：14~15, 1940

別　名	篾竹、山青竹、地青竹（廣東），小青竹、黃竹（廣西）（中國竹類植物圖志、世界竹藤）
英　名	weaver's bamboo
原產地	中國廣東、廣西、福建等省，江西、浙江等省有栽培。台灣係於1981年由美國引進，目前株數不多。

　　本種是林維治於1981年自美國引進，原產地為中國廣東、廣西、福建等省，在原產地是屬於用途廣泛的優良竹種。根據「中國竹類植物圖志」的記載，本種之下還有3變種、2栽培種，該3變種成立的理由看來相當牽強，或許只能算是種內的變異範圍之內，最有可能是栽培品種程度而已。本種目前在台灣僅嘉義竹崎鄉公園的竹類標本園區中有1株而已。

形態特徵

稈：稈直立，梢端弓形或稍下垂；高6~12公尺，徑3~6公分；節平而不隆起，節間長35~60公分，稈壁厚3~5公厘；幼稈被白粉並密生灰白色倒生短刺毛，老則脫落。

稈籜：稈籜早落性，厚革質而堅硬，幼時被有柔毛，老則脫落，光滑而有光澤，先端微凸，呈不對稱的寬弧形；籜耳小，兩邊等大或不等大，披針形至長橢圓形，粗糙，兩面被有微毛，邊緣有屈曲細繸毛；籜舌略弓狀隆起，中間部高2公厘，邊緣具細齒或略呈小裂片

↓青皮竹的葉片呈披針形至線狀披針形。

↑ 帶有稈籜的竹稈。

而被長毛；籜葉早落性，三角
形至狹三角形，直立，與籜片
等長或稍短，表面基部具棕色
緊貼而脫落性之刺毛，通常具
疏毛，背面粗糙無毛或疏生暗
棕色刺毛，基部收縮而略呈心
形。枝條多數，3～12支簇生。

葉：葉一簇8～14枚，葉片披針形至
　　線狀披針形，長9～25公分，寬
　　1.6～2.5公分，葉背密生短柔
　　毛；側脈5～6對，具葉耳，有
　　纖毛；葉鞘常無毛。

小穗：小穗長3.5公分，線狀披針形，
　　　略扁；外稃長1.3公分；內稃等
　　　長，具2龍骨線，龍骨線間縱
　　　脈7，線上近無毛或粗糙；鱗
　　　被3，近等大而為菱形，長約7
　　　公厘；雌蕊子房倒卵形，花柱
　　　極短，柱頭3，羽毛狀；雄蕊6
　　　枚，花藥長6公厘，頂端凹陷。

↑ 青皮竹之單叢形象。

功　用

稈通直，乾燥後不易開裂，纖維柔韌，
為優良的篾用竹種，宜劈篾供工藝品之
編織、編纜、各種竹器、農具、家具之
製作，亦為造紙的良好材料。筍可供食
用。在原產地為優良竹種。

↑ 栽植初期的青皮竹叢。

大耳竹

Bambusa tulda Roxb., in Hort. Beng. 25. 1814

別　名	馬甲竹（世界竹藤）、力新孝順竹（中國竹類植物圖志）
異　名	_Dendrocalamus tulda_（Roxb.）Voigt. 1845 _Bambusa lixin_ Hsueh et Yi, 1983（世界竹藤）
英　名	Bengal bamboo, spineless Indian bamboo, Calcutta cane
原產地	印度、孟加拉中部及東部、阿薩姆、泰國、緬甸等地。
分　布	中國之廣東及廣西等地。本種於1980年由薩爾瓦多引進台灣，目前僅栽植於各地竹類標本園，林業試驗所蓮華池及太麻里研究中心設有與其他7竹種之試驗地。

　　本種係由林維治於1980年由薩爾瓦多引進，也是尚在試驗階段的竹種，除了試驗地之外，也只能在竹類標本園中才看得到。中文名的大耳竹可能是始自林維治，大概是指其籜耳甚大，不過雖然籜耳很大，但筆者認為最大特徵、也最好辨識的卻是其籜葉，大且寬廣幾乎可以繞過竹稈1圈，其他竹種尚未能找到籜葉大小能與此種相比者，另外則是稈籜表面所具有的黑褐色毛。

形態特徵

稈：稈高6~21公尺，徑5~10公分，極幼時被白粉，並具深褐色易脫落的針狀毛，後則變為綠色光滑無毛，老時變為灰綠色，有時會出現黃昏條紋；節平坦不隆起，基部之節上常密生鬚根；節間長30~60公分，稈節下環有白環；稈壁薄，8~13公厘。

　　枝條多數叢生，幾乎全部的節均帶有枝條，近基部節之枝條細小，近乎無葉，平展，主枝1~2，明顯較粗大。

↑ 大耳竹的開花枝與小花。

↑ 大耳竹的籜葉大到可繞竹稈一圈。

稈籜：稈籜脫落性，質脆，約
　　　15～23公分長，寬15～25公
　　　分，表面被白粉並具黑色有
　　　光澤的貼生粗硬毛，兩側尤
　　　為密集，裡面則常被白粉，
　　　頂端漸狹呈圓弧形或三角
　　　截形；籜耳發達，兩邊不等
　　　形，一為長橢圓形，另一為
　　　卵形，均具明顯皺褶，邊緣
　　　有屈曲纖毛；籜舌狹，中間
　　　較高凸，約2公厘，全緣；
　　　籜葉特大，廣卵狀三角形、
　　　腎臟形或心形，尖頭，直
　　　立，裡面有黑色細刺毛，基
　　　部延伸為大而圓、長流蘇狀
　　　之籜耳。

葉：葉線狀披針形或線狀橢
　　圓形，長10～25公分，寬

↑ 大耳竹筍籜上的籜葉及黑色毛。

　　　1.5～4.0公分，基部通常為圓形；先端銳尖形而具扭曲之尖錐狀尾；
　　　葉柄長約2.5公厘，常有毛；表面無毛；有一邊之葉緣較粗糙，背面
　　　被微柔毛而帶蒼白色；主脈略細，側脈6～10，細脈7～8；葉耳橢圓
　　　形，具細長剛毛；葉舌狹小不顯著；葉鞘有細條紋，無毛。

花：花序變異大，有時為無限放射狀而無葉之圓錐花序，有時為短而
　　帶葉之圓錐狀、或為穗狀枝；小穗長2.5～7.5公分，寬5公厘，無
　　柄，無毛，圓筒形而先端銳尖，後則由小穗軸分離為多數小花，
　　小穗基部先為1～2枚短苞片，接上為2～4空穎，再接上4～6枚可稔
　　性小花，最上方則為1～2枚不完全花或為雄花；空穎尖形，有多條
　　縱脈；可稔花之內稃甚短，呈船形，2龍骨線上有纖毛；雌蕊花柱
　　略短，有毛；柱頭3裂，長羽毛狀；雄蕊外伸甚長，花藥長8～10公
　　厘，紫色。

果實：穎果橢圓形，頂部有毛，有縱溝，
　　　長約8公厘。

功　用
稈通直，材質堅硬，可供建築、鷹架、編織、竹籃等。筍可食用。

條紋大耳竹

Bambusa tulda Roxb., 'Stripestem'

異　名	_Bambusa tulda_ Roxb. cv. _Stripestem_ Lü cv. nov.
原產地	在台灣發生之變異。

　　本變異種應是其原種大耳竹引進台灣之後，在當時林業試驗所中埔分所的埤子頭苗圃培育中時發生的變異，1987年曾經開花，筆者前往採種及拍照時得知此中文名，但是未見有學名，目前的學名是由筆者所定。其種子苗應還存在於蓮華池研究中心大草埔的叢生竹類（主要為麻竹）種苗園之中，1995年間曾經前往查看其生長情形，但似乎還沒有彩色變異稈的出現。

形態特徵

　　本栽培種是由大耳竹所產生之變異，其稈籜的形態特徵與大耳竹可說是看不出有何不同，其與原種間之差異在於：稈為淺綠色至綠色，具寬窄不同的黃白色縱條紋。

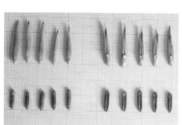

↑ 條紋大耳竹的穎果（上排）及種子（下排），示其背面及腹面（有溝）。

↑ 條紋大耳竹的小花。

↑ 稈及尚未脫落之籜。

↑ 條紋大耳竹的稈及尚帶有稈籜的新稈。

↑ 條紋大耳竹之單叢。

↓ 條紋大耳竹的稈籜。

因其變異稈的顏色鮮豔，以及筍籜籜葉形狀特殊，因此極具觀賞價值。

註 本栽培種在台灣之發現應於1982年前後，與原種之大耳竹一起在林業試驗所中埔研究中心的埤子頭苗圃中培育（目前改建為植物園），1987年開花並採得種子時，始得知此中名，但是一直沒有學名，筆者取其稈具綠色縱條紋之特徵予以命名如上。

功用

稈通直，材質堅硬，可供建築、鷹架、編織、竹籃等。筍可食用。

花眉竹

Bambusa tuldoides **Munro**, in Trans. Linn. Soc. 26：93, 1868

別　名	油竹（竹之種類及栽培利用）；青稈竹、水竹（香港竹譜）；青竿竹、硬散桃竹、硬頭黃竹（中國竹類植物圖志）
英　名	vardant bamboo（香港竹譜）
原產地	中國廣東、廣西，香港常見於新界大嶼山等地，福建、雲南有栽培。
分　布	台灣於1980年由哥斯大黎加引進，目前僅在各地竹類標本園有栽植。

　　本種按目前的記錄是林維治於1980年自哥斯大黎加引進，但根據W. Munro（1868）的記錄，前在淡水英國領事館任職的R. Oldham曾採集過，地點可能就是在淡水或基隆一帶。另外早田文藏（1916）的記錄同樣表示台灣早期採集過本種，或至少表示台灣有本種，因無採集地的描述，可能是根據W. Munro的記載而予以認定。

形態特徵

稈：稈高6~15公尺，徑3~9公分，細長直立，尾梢稍下垂；節平坦不
　　隆起或稍隆起，稈基部第1~2節偶爾環生一圈灰白色絹毛，節間長
　　20~60公分；稈壁厚，近實心，圓柱形，淡綠色，幼時被白粉，無
　　毛；枝條常自稈基第1節起即分枝，枝條多數叢生於節上，主枝較
　　粗長，小枝纖細，主枝上叢生。

稈籜：稈籜早落性，革質，較節間
　　　短；籜片表面無毛，乾時肋
　　　紋稍隆起，頂部呈不對稱的
　　　圓拱形，外側一邊稍下斜至

↑ 花眉竹的葉簇。

↑ 花眉竹竹稈的基部。

籜片全長之1/10~1/8；籜耳稍不等大，外側者略大，卵形，稍有皺褶，邊緣被波曲狀剛毛，內側之一枚較小，橢圓形，邊緣之纖毛波曲狀；籜舌高2~3.5公厘，先端細齒狀，邊緣被短流蘇毛或細齒狀；籜葉直立而為不對稱三角形或狹三角形，基部兩側收縮而與籜耳相連接，無毛。

葉：葉一簇5~7枚，葉片披針形至狹披針形，先端尖，基部漸尖，鈍圓或截狀，表面綠色，背面粉綠色或具細柔毛，長8~20公分，寬1~2公分，葉柄極短；葉耳橢圓形直立，有少數纖毛；葉舌不明顯，截狀、無毛；葉鞘長4~5公分，無毛。

小穗：小穗線狀，長2.5公分；每小穗含小花4~8朵，叢生於小枝節上，基部2~5朵為兩性花，先端多為雄性花；外稃具橫脈；內稃2龍骨線具纖毛，先端鈍圓具短尖頭，頂端有軟毛束生；雌蕊子房具柄，倒卵形，先端被毛，花柱短啄狀，先端3裂，柱頭細長被毛。

果實：穎果長5公厘，鈍圓無毛。

功　用

稈富韌性，可供為撐竿、棚架、農具，劈篾可編織各種竹器。

↑ 花眉竹之單叢形象。

↑ 花眉竹竹稈和尚未脫落的稈籜。

烏葉竹

Bambusa utilis Lin, in Bull. Taiwan For. Res. Inst. 98：2, f. 1, 2. 1964

英　名	useful bamboo
原產地	台灣原生種。
分　布	在中、北部海拔300公尺以下分布最多。

　　本種為林維治於1964年發表的新種。據林氏的描述，本種分布於台灣全島各地，尤以中、北部栽培較多，桃園、新竹、苗栗及南投等縣的客家籍鄉民稱為「烏葉竹」，但中、南部閩籍鄉民卻誤認為是長枝竹。本種與長枝竹間之差異在於：

（1）本種稈籜在幼時為淺綠色，長枝竹為銀綠色而有光澤。

（2）本種稈籜表面密布黑褐色細毛，長枝竹則為淡棕色細毛。

（3）本種籜耳較小。

（4）本種籜舌較高，尖齒狀緣，密生細毛。

（5）本種整個形體即稈高、徑均較長枝竹為小。

↑ 烏葉竹的竹稈和尚未脫落之稈籜。

形態特徵

　稈：稈高3～14公尺，徑2～7公分；節略隆起；節間長15～50公分；稈壁厚6～12公厘；枝條多數叢生節上。

稈籜：稈籜表面密布暗褐色細毛；籜耳突出，兩邊大小不一，上端密生剛毛；籜舌極顯著，尖齒緣，高約5公厘，上端密生棕色細毛；籜葉三角形乃至狹三角形，表面近於無毛，背面之基部有毛。

　葉：葉一簇5～10枚，闊線狀披針形，長10～25公分，寬1.2～2.5公分，先端尖，基部圓形，表面無毛，背面密布銀白色細毛，側脈6～9，

細脈8~9，平行脈；葉緣有一邊密生刺狀毛，另一邊則疏生；葉柄長2~4公厘；葉耳突出，半圓形，邊緣生有棕色剛毛；葉舌突出，齒狀緣，上端有毛；葉鞘長4~6公分，微毛。

小穗：小穗1~多數聚生，長2.5~4.0公分，徑5~7公厘，每小穗含小花4~6朵；護穎2，長5公厘，先端尖，縱脈9~11，表面無毛，全緣；外稃卵狀披針形，長1.3公分，先端尖，縱脈17~20，表面無毛，全緣；內稃披針形，長1.0公分，先端截狀，2龍骨線間縱脈7，兩側各2，龍骨線上端微毛；雌蕊長6公厘，子房倒卵形，具維管束3；花柱短，柱頭3，羽毛狀；雄蕊6，花藥長6公厘；鱗被3，長1.8公厘，上端有毛。

↑ 烏葉竹竹叢形象。

↑ 烏葉竹的葉呈闊線狀披針形。

↑ 烏葉竹竹籜的籜耳特徵。

功　用

竹材堅韌，為優良編織、建築及農具用材，也可供為香蕉、果樹、蔬菜等之支柱。又本種能耐乾、濕地生長，因此可作為坡地、耕地及河岸等之防災竹。

佛肚竹

正/畸

Bambusa ventricosa McClure, in Lingn. Univ. Sci. Journ. 17：57, 1937

別　名	佛竹、葫蘆竹、結頭竹（台灣竹亞科植物之分類）；小佛肚竹（世界竹藤）
異　名	*Leleba ventricosa*（McClure）Lin, in Inform. Taiwan For. Res. Inst. 150：1305, f.1, 1963 *Bambusa ventricosa* McClure cv. *Nana*
英　名	buddha bamboo
原產地	中國廣東。
分　布	1946年由華南引進台灣。台灣各地均有栽培，尤其以盆栽栽植供觀賞者最為普遍，即一般所稱「葫蘆竹」。有人認為「葫蘆竹」較小，此乃由於盆栽小型化的緣故，事實上大型竹叢中亦有呈葫蘆狀畸形稈的出現。

　　本種即一般習慣上所稱呼的「葫蘆竹」，「葫蘆竹」通常是種植在盆中供為觀賞，因而成為「小型竹」，但實際上，它是屬於中型大小竹種，只不過種在地上時雖可較正常生長（指大小），但其反面就是畸形稈的出現率不高，所以在整叢竹稈都是正常稈的情況下，很難讓人想像「佛肚竹」是長成什麼樣子。筆者曾經在日本沖繩縣的石垣島「熱帶農業研究中心」的苗圃，看到一整排的竹子防風籬，細看之下發現有畸形稈，才敢確定它是佛肚竹。

形態特徵

　　本種的竹稈可分為正常稈與畸形稈兩種：（1）正常稈即與一般竹稈相同之圓筒狀。（2）畸形稈者竹稈之下段節間短，膨脹呈上小下大之酒壺狀，上下節間合起來看似葫蘆，此即葫蘆竹名稱之由來。

↑ 佛肚竹的葉子呈披針形。

↑ 葉耳邊緣生有剛毛。

↑畸形稈的竹稈呈酒壺狀。

↑佛肚竹稈高可達10公尺長（箭頭所指之稈為畸形稈）。

稈：稈高1~10公尺，徑1.0~5公分，節隆起，節之上環有白色粉末；節間長25~50公分，平滑無毛，暗綠色；枝條多數叢生。

稈籜：稈籜初時為綠色，表面無毛，全緣；籜耳細小，突出，上端有毛，有時籜耳不顯著；籜舌顯著，高2~3公厘，尖齒緣；籜葉尖卵狀三角形，但變異頗大，無毛。

葉：葉一簇5~13枚，卵狀披針形乃至橢圓狀披針形，長10~25公分，寬1.2~2.5公分，先端尖，基部鈍形或圓形，側脈5~9，細脈7~8，平行脈；葉緣有一邊密生刺狀毛，另一邊則疏生；葉柄短；葉耳顯著，突出，邊緣生有剛毛；葉舌圓形，芒齒緣；葉鞘無毛。

↑佛肚竹的開花枝，小穗及小花。

功用

除作為盆栽以供觀賞外，竹材亦可用來製作工藝品及裝飾材料。

黃金佛肚竹

Bambusa ventricosa McClure, 'Kimmei'

異　名	*Bambusa ventricosa* McClure form. *Kimmei* Muroi et Y.Tanaka
別　名	金明大福竹（原色日本園藝竹笹總圖說）

　　本變異種是由佛肚竹所產
生的變異，其學名原為*Bambusa
ventricosa* McClure form. *Kimmei*
Muroi et Y. Tanaka，是由日本人
命名看來，是在日本產生的變
異，台灣則應是在近一、二十
年之間，由園藝業者自日本引
進。筆者最早是在新竹關西的
錦山里私宅庭院中發現，那是
1990年代中期的事。品種名用

→黃金佛肚竹的畸形稈。

「form.」亦即為拉丁文forma的略字，有時用f.，一般譯為「型」或是在園
藝上稱為「品種」，是為植物分類群中的最低層級，包含單一遺傳基因的
突變，或是只有一項與其他相異的形質而且能夠遺傳。既然要能遺傳給後
代才能算，對於尚未證實已經過有性生殖的竹類而言，是否適用仍有討論
的空間，日本人較喜歡用此品種層級。

　　惟依據最新的「國際栽培植物命名法規」1995年版，栽培型
（cultivar）竹類的名稱應置於單引號‘　’之內，第一個字的字母用大
寫，後面不加命名者姓名。而以竹類言之，其變異不是很穩定，是否能夠
遺傳尚屬疑問，日本人喜歡對相當於栽培品種之植物用forma，今根據上
法規定，全部按照栽培型之處理法加以改訂，原學名即列為其異名以資查
對。

形態特徵

　　本型為佛肚竹所產生之變異品種。其特徵為：竹稈為黃金色帶綠色縱
條紋，稈及枝條的芽溝部全為淡綠色，葉片有時帶有乳白色縱條紋。

　　本種似於近年由園藝業者自日本引進，主要供為觀賞用。

↑ 黃金佛肚竹的竹稈為黃金色帶綠色縱條紋。

↑ 稈及枝條的芽溝部全為淡綠色。

↓ 本變異種是由佛肚竹所產生的變異。

泰山竹

***Bambusa vulgaris* Schrader ex Wendl**. in Collect. Pl. ii. 26. t. 47. 1810

別　名	赤竹、龍頭竹（台灣竹亞科植物之分類）
異　名	*Bambusa monogyma* Blanco, Fl. Philip. 286. 1837 *Bambusa mitis* sensu Blanco, I. C. 271, non Poir *Bambusa blanco* Steudel, Syn. Pl. Gram. 1：331, 1854 *Dendrocalamus sericeous* F.-vill Novis App. 324, 1882, non Munro *Leleba vulgaris*（Schrader）Nakai, in Journ. Jap. Bot. 9：17. 1933
英　名	common bamboo
原產地	馬達加斯加、斯里蘭卡、印度、緬甸、馬來西亞及中國之廣東、福建、雲南等省，全球普遍栽培。
分　布	早期即引進台灣，惟至1958年始於台北縣雙溪鄉發現，現仍主要栽植於各地竹類標本園內。

　　本種屬於高大型竹類，種名*vulgaris*乃「普通」之意，正如其種名所示，本種分布、栽培地區甚廣，幾乎已遍及全球，因此已無法判斷其原產地到底是在何處，其引進台灣的時間也甚早，因而年代亦無可考，直到1958年始由林維治氏在雙溪發現。

形態特徵

稈：稈高10~20公尺，徑5~15公分，綠色乃至暗綠色；節隆起，節間長20~40公分；稈壁厚0.5~1.5公分；枝條多數叢生。

稈籜：稈籜脫落性，表面密布暗棕色細毛，邊緣無毛；籜耳極顯著，形狀似耳朵，邊緣有毛；籜舌狹細，高1~3公厘；籜葉尖卵狀三角形，先端尖，基部狹，表面無毛，背面基部有毛。

↑ 葉呈橢圓狀披針形。

↑ 泰山竹的開花枝，小穗和小花。

葉：葉一簇5～11枚，橢圓狀披
　　針形，長10～30公分，寬
　　1.8～3.0公分，先端尖，基
　　部鈍形或近於圓形，側脈
　　6～9，細脈7～9，格子狀；
　　葉柄短，扁平，2～4公
　　厘；葉耳極顯著；葉舌截
　　狀；葉鞘長6～10公分，表
　　面微毛。

↑泰山竹的單叢形象。

小穗：小穗4～12聚生枝節或更
　　多，長2.0～3.5公分，徑
　　4～5公厘，每小穗含有小
　　花5～10朵；護穎1～2，卵
　　形，先端尖，有毛；外稃
　　似護穎，但較大，長8～10
　　公厘，頂端有毛；內稃略
　　短於外稃，龍骨線上有
毛；雌蕊子房倒卵狀橢圓形，有毛，具3維管束；花柱細長，長3～7
公厘；柱頭3，羽毛狀；雄蕊6枚，花藥長6公厘；花絲長1.0～1.5公
分；鱗被3，大小不一，長2.0～2.5公厘，上端有毛。

↑稈籜上長有暗棕色細毛。

↑稈籜尚未脫落的竹稈。

功　用
竹材可供建築、
農具、編織粗製
品、膠合工藝品
及造紙原料

103

金絲竹

Bambusa vulgaris Schrader var. *striata*（**Lodd**.）**Gamble**, in Ann.
Bot. Gard. Calc. 7：44, 1896

別　名	黃金間碧竹（世界竹藤）、大藾絲竹、掛綠竹（中國竹類彩色圖鑑）
異　名	*Bambusa vulgaris* Schrader var. *vittata* A. et C. Riviere, in Bull. Soc. Acclim. III 5：640. 1878 *Bambusa vulgaris* Schrader cv. *Vittata* McClure, in Agr. Handb. Dept. U. S. A. 193：46, 1961（世界竹藤） *Bambusa striata* Loddiges ex Lindl., Panny Cyclop. 3：357, 1835 *Bambusa vulgaris* Schrader form. *striata*（Gamble）Muroi *Leleba vulgaris*（Schrader）Nakai var. *striata*（Lodd.）Nakai, in Journ. Jap. Bot. 9：13, 1933
英　名	stripe bamboo
原產地	馬達加斯加、斯里蘭卡、印度、緬甸、馬來西亞及中國之廣東、福建、雲南等省，全球普遍栽培。何時即以此變種之形態引進台灣已難查考。
分　布	世界各地普遍栽植

　　本變種係由泰山竹所產生的變異品種，而其變異的發生可能很早，以致於其究竟為何時引進台灣同無可考。本種學名同樣使用「變種」此一階級，引起筆者懷疑是從本種開始。筆者鑽進竹類研究的領域，是1980年的事，1984年開始關心竹類開花、以及利用種子苗培育真正新生世代有關事項，當時五股鄉一位王醫師的庭院有1叢金絲竹開花，由於那時筆者才剛開始接觸開花現象，以為其應與稻子一樣要一段時間才會成熟，因此前往查看並拍照，打算1、2個月後再前往採集種子，但事後忙於其他事情而並未前往，就此白白斷送採種育苗的機會，到現在回想起來還令人懊惱不已。如果當時曾採到種子同時也有育得苗木，那麼它黃稈綠條紋的特性能否透過有性生殖遺傳，不就真相大白了嗎？

形態特徵

　　本變種係由泰山竹所產生，其與原種不同的特徵為：（1）稈及枝條的節間皆呈黃色乃至橙黃色，具有深綠色縱條紋；（2）籜片表面淺綠色，具黃綠色條紋；（3）稈較泰山竹略小，而且稈壁較厚；（4）柱頭通常單一；鱗被卵狀橢圓形，邊緣無毛。

←金絲竹的稈籜呈淺綠色。

↑ 金絲竹之單叢形象，因有整理。故略有擴散的趨勢。

↑ 金絲竹數叢合植之形象。

↑ 金絲竹的稈部呈橙黃色具有綠色縱條紋。

↑ 金絲竹的開花枝、小穗和小花。

功　用

竹材可供建築、農具、編織粗製品、膠合工藝品及造紙原料。栽植於庭園可供造景、觀賞。

短節泰山竹

Bambusa vulgaris Schrader, 'Wamin'

別 名	葫蘆龍頭竹（台灣竹亞科植物之分類）；大肚竹（中國竹類彩色圖鑑）；大佛肚竹（中國竹類植物圖志、世界竹藤）
異 名	*Bambusa vulgaris* Schrader cv. *Wamin*（Brandis）McClure, in Bamb. 162. f. 72：5, 6. 1966 *Bambusa? wamin* Brandis, in Indian Trees 685. 1911 *Bambusa vulgaris* Schrader form. *waminii*（McClure）Wen, in Journ. Bamb. Res. 4（2）：16. 1985
英 名	wamin bamboo
分 布	本栽培種的出現地不詳。台灣係於1968年由香港引進。目前栽植於各地竹類標本園內，或在風景、遊樂區植供觀賞。

　　本變異種也是由泰山竹所產生的變異，然而是在何時與何地發生的變異，因無記錄故無可考。有些地區稱為「大佛肚竹」，以與「佛肚竹」的另一名稱「小佛肚竹」相對應，但在佛肚竹中已述，栽植在地上（非盆栽）的佛肚竹同樣會生長到正常大小，且同樣會有畸形稈出現，所以認為此類稱呼並不妥。另外想要提醒的是，本種節間的膨大形象和佛肚竹畸形稈的膨大形象不盡相同（兩者都是盆栽的話另當別論）。

↑ 短節泰山竹之新筍。　　　　　↑ 短節泰山竹之稈基部和新筍。

↑ 短節泰山竹之新筍「爭相鬥豔」。　　↑ 短節泰山竹之葉簇。

形態特徵

　　本栽培種係由泰山竹所產生的變異品種。其特徵為：（1）稈之節間短，尤以稈之下段較明顯，長度僅10~15公分，且膨大如佛肚狀；（2）葉脈為平行脈。

功　用

為優良觀賞竹種及工藝、裝飾用材，竹材可供建築、農具、編織粗製品、膠合工藝品及造紙原料。

←越下段的稈其節間越短。

↑ 短節泰山竹單叢之形象。

頭穗竹屬

Cephalostachyum, Munro in Trans. Linn. Soc. 26：138

模式種：頭穗竹，*Cephalostachyum capitatum* Munro。

別名	空竹屬（中國竹類植物圖志）

地下莖直立型合軸叢生，屬於灌木狀或亞喬木狀竹類。

稈籜遲落性，厚革質或稍薄，表面發亮有光澤，具黑褐色刺毛；籜耳通常發達，堅硬皺褶，邊緣具繸毛；籜舌先端截狀，或有時略隆起，邊緣粗糙，具鋸齒；籜葉直立或反捲，卵狀披針形；稈壁薄，節間較長，通常光滑，節平或稍隆起。

枝條多數叢生，主枝明顯。

葉片大小不一，通常較長而闊者居多；葉耳及葉舌顯著，葉鞘有毛或無毛。

花側生，爲球形頭狀花序或頭狀圓錐花序；小穗具1～2枚小花；護穎2～3枚，先端具芒刺；外稃似護穎；內稃具龍骨線；雌蕊子房卵形，花柱長，柱頭短，2～3分枝，羽毛狀；雄蕊6，花藥長。

穎果橢圓形乃至廣卵形，種皮薄。

本屬約有17種，分布於馬達加斯加、印度、緬甸、泰國、馬來西亞、印尼、菲律賓、孟加拉及中國。台灣自泰國引進1種。

109

香糯竹

Cephalostachyum pergracile **Munro**, in Trans. Linn. Soc. 26：141,1896

別　名	糯竹（世界竹藤）、糯米香竹、香竹（中國竹類植物志、中國竹類採色圖鑑）
英　名	tinwa bamboo（香港竹譜）
原產地	印度、泰國、緬甸、新加坡及中國之雲南。
分　布	平原、河谷地帶，不耐低溫。筆者於1989年接獲泰國寄來之種子，培育所得苗木分植於新竹、瑞竹、竹崎等竹類標本園，以及兆豐休閒農牧場之竹區。數量尚少。

　　本竹種屬於中型大小的竹類，係1989年筆者任林業試驗所森林生物系系主任時，泰國農業大學（Kasetsart University）森林學院阿南（Anan Anantachote，Ph. D.）教授寄來6小包竹類種子，其中1種就是本種，因種子苗數不多，目前在台灣栽植地區僅限於幾處竹類標本園。「香港竹譜」有如下記述：據採自緬甸的標本記錄指出，其稈內膜可食，稈身可作飯筒煮飯。依照這樣的描述，其竹筍如果能予以培土，或許可供食用也未定。雲南南部的居民慣用本種竹筒盛糯米燒食或蒸食，飯中帶有一股清香氣味，故有「香糯竹」之稱。

↑ 種子苗培育中之香糯竹。

形態特徵

稈：稈高7~12公尺，直徑2.5~7.5公分，圓柱形；節間長20~45公分，幼時被白色貼生刺毛或細柔毛；節隆起，節下薄被白粉。

枝條多數，簇生於節上，大小、粗細大致相同。

稈籜：稈籜早落或遲落性，厚革質，較節間為短，長10~15公分，寬15~20公分，表面光亮，被黑褐色刺毛，脫落後為棕褐色；籜片先端近截形；籜耳平展，在籜片兩肩橫臥，披針形至線狀披針形，近等大，寬3~4公厘，粗糙有皺褶，邊緣密生波曲狀剛毛；籜舌高1.5~2.0公厘，近截狀或略隆起，邊緣密生短纖毛；籜葉卵形至寬卵形，5公分長，先端尖，基部漸狹縮成心形，內面具密毛。

↑ 香糯竹的單叢形象。

葉：葉披針形至線狀披針形，長15~35公分，寬1.5~3.5公分或至6.5公
　　分，變異甚大；葉片基部鈍圓形或截狀，表面稍粗糙或於基部有
　　毛，背面被柔毛；葉緣一邊或兩邊有細齒，且橫小脈顯著；葉柄
　　長5公厘；葉鞘近無毛，葉耳常缺或不顯著，有白色纖毛；葉舌極
　　短，近截形。

花：花序為大圓錐花序，小穗具苞片，簇生，長1.3~1.7公分；無護穎，
　　惟具1~2枚不稔性小花，接上為1枚可稔性花，再接上又為不稔花；
　　外稃1.3~1.8公分長，卵狀披針形，多脈，密生灰色毛；內稃與外稃
　　同長，2龍骨線靠在一起，先端2裂為尖突狀；雌蕊子房光滑無毛，
　　基部扁球形，頂部延伸為三角狀花柱，柱頭2~3，外彎；雄蕊具細
　　絲，6枚，花藥鈍形，紫色。

果實：穎果倒卵狀橢圓形，1.3公分長，一邊有溝。

↑ 香糯竹帶有籜葉的稈基部。

功用

竹材可加工製成各種竹器，
雲南及泰國居民慣用此竹筒
盛糯米烘烤或蒸食，帶有清
香氣味，因而得「香糯竹」
之種名。

麻竹屬

Dendrocalamus Nees in Linnaea. ix. 476. 1834

模式種：印度實竹（牡竹），*Dendrocalamus strictus*（Roxb.）Nees。

↑巨竹試驗地。

別名　牡竹屬（中國竹類植物圖志、中國竹類彩色圖鑑、世界竹藤）

地下莖直立合軸叢生。竹稈高大，平滑；節間長短不一；節隆起，每節具多數枝條，無刺。

稈籜脫落性，革質；籜耳及籜舌顯著，無毛；籜葉通常爲卵形乃至卵狀披針形，先端尖，基部狹，反捲或直立。

葉片長而闊，大小變異大，連接葉柄；葉脈格子狀，亦有平行脈；葉柄短；葉耳通常不顯著；葉舌極顯著。

花爲大圓錐花序（叢），側生。小穗多數聚生枝節；護穎2或更多；外稃廣卵形，先端尖；內稃具龍骨線；雌蕊子房通常爲球形或卵形，有毛，具維管束3；花柱長；柱頭1，羽毛狀；雄蕊6；花藥之頂端具尾狀或芒狀突出；鱗被無，有時1~2。

果實卵形乃至圓筒形，果皮薄。

本屬約有30種，分布亞洲熱帶及亞熱帶地區。台灣現有7種（sp.）、2栽培種（cv.），共9個品種。

·麻竹屬之種檢索表

❶程近基部各節環生氣根	❷幼程被白粉，節環明顯	❸程被淡棕色貼生刺毛，節與節下各環生一圈淡棕色絹毛 ········ 馬來麻竹	
		❸程被脫落性白色粉質皮垢，節環明顯 ········ 緬甸麻竹	
	❷幼程不被白粉，無明顯節環	❸程灰綠至綠灰色，程籜紅棕色至黃色，表面被貼生褐色毛，邊緣有纖毛 ········ 布蘭第士氏麻竹	
		❸程綠色或灰綠色，平滑無毛，程籜表面綠色，上部橙黃色 ········ 麻竹	❹程及枝為淺黃色或淺綠色，具深綠色縱條紋 ········ 美濃麻竹
			❹程為畸形程，節間短且膨大呈酒壺狀或棍棒狀 ········ 葫蘆麻竹
❶程近基部各節無氣根環生	❷程平滑無毛	❸程籜幼時淡紫色，表面疏生細毛 ········ 巨竹	
		❸程籜黃綠色，密佈棕褐色細毛 ········ 印度實竹	
	❷程幼時灰白色，被密而貼生之細毛 ········ 哈彌爾頓氏麻竹		

114

馬來麻竹

Dendrocalamus asper (**Schult.**) **Backer ex Heyne**, in Nutt. Pl. Ned. Ind. ed. 2, 1：301, 1927

別　名	高舌竹（香港竹譜）；馬來甜龍竹（中國竹類植物圖志、世界竹藤）；糙竹、白節竹（中國竹類彩色圖鑑）
異　名	*Bambusa aspera* Schult., in Syst. Nat. 7：1352, 1830 *Dendrocalamus flagellifera* Munro, in Trans. Linn. Soc. 26：150, 1866 *Gigantochloa aspera* Kurz, in Ind. Forester 1：221, 1876
英　名	rough dendrocalamus（香港竹譜）
原產地	東南亞。
分　布	分布於中國雲南西南部。台灣係於1967及1980年兩次自泰國引進，除林業試驗所設有試驗地外，各地竹類標本園亦有栽植。

　　本竹種在東南亞地區乃爲重要筍用竹種，引進台灣的記錄有兩次，分別是1967年及1980年。筆者曾於1986年元月，應邀到泰國指導泰王山地計畫、育林計畫中的竹類培育及經營等事宜，期間曾被帶到泰國栽培馬來麻竹最盛行的Prachinburi省，該省除了栽培盛行之外，主要栽植材料幾乎都是採枝插繁殖（扦插繁殖的材料爲枝條）也是該地傳統的特色。本竹種栽植地早年是中國移民定居的華僑，由於主人年事已高，孩子出外另謀生計，因此造林地一片荒涼。省方陪同的官員問我「怎麼辦？」我說：「重新造林，成林後要培土、施肥、砍老竹。」他搖搖頭說：「太麻煩。」之後我一句話也不講，免得浪費時間。後來與泰國某罐頭食品加工廠廠長李錫祺談起此事，李氏是興大農化系畢業，是筆者學弟亦是摯友。他剛到泰國時，即曾邀集從台灣過去的朋友，向華僑租借本竹種的造林地，按照台灣的培育方式經營2年，竹筍就在市場被稱爲「台灣筍」，其價格可賣到「泰國筍」的10倍，但還是推廣不出

↑ 馬來麻竹竹稈。

去，可見泰國農民怕麻煩，再加上泰國人本身不太喜歡吃竹筍可能也是原因之一。

形態特徵

稈：高大型竹類。稈高15~20公尺，直徑6~20公分或更大，尾梢常下垂；節明顯隆起，節間長20~50公分，幼時薄被白粉，並被淡棕色貼生刺毛，後則變綠，節和節下各環生一圈淡棕色絹毛；稈基部各節上常有氣根密生。

枝條多數於節上簇生，主枝顯著較粗長。

稈籜：稈籜早落性，革質，幼時灰綠色，密被淡棕色絨毛及貼生褐色毛，乾時肋紋顯著隆起，暗褐或灰褐色；籜耳細小狹長，具波狀皺褶，末端稍大而近圓形，邊緣具波曲狀細剛毛；籜舌寬7~10公厘，高達2.0公分，波狀，邊緣流蘇毛長3~5公厘；籜葉卵狀披針形，常外翻，基部兩側波狀皺褶，並向外延伸而為籜耳。

葉：葉一簇5~9枚，披針形至長橢圓狀披針形，長20~30公分，寬3~5公分，先端銳尖，基部鈍形或歪形，表面光滑無毛，背面有時密生細毛，邊緣粗糙為尖刺狀；葉柄極短，約2公厘長；側脈6~9，細脈7，橫小脈稍明顯，格子狀；葉鞘初時被貼生棕色刺毛；葉耳缺如；葉舌截形，高約2公厘，全緣或齒狀裂。

↑ 馬來麻竹新筍。

↑ 馬來麻竹的竹稈（密布褐色毛）。

↑ 馬來麻竹之竹稈基部。

↑ 馬來麻竹之單叢。

↑ 節和節下各環生一圈淡棕色絹毛。

→ 葉呈披針形至長橢圓狀披針形。

功 用

稈高大，竹材堅韌，可篾用或作為農用工具、建築、造紙原料等；竹筍味美供食用。

布蘭第士氏麻竹

Dendrocalamus brandisii（**Munro**）**Kurz**, in For. Fl. Brit. Burm. 2：560, 1877

別　名	勃氏甜龍竹、勃氏麻竹（中國竹類植物圖志）；甜竹、甜龍竹（世界竹藤）
異　名	*Bambusa brandisii* Munro, in Trans. Linn. Soc. 26：109, 1868 *Sinocalamuus brandisii*（Munro）Keng f. 1962
原產地	緬甸、越南、寮國及泰國。
分　布	分布中國雲南南部。本種係1989年由泰國寄給作者之種子培育而得，目前栽植於新竹、瑞竹、竹崎等之竹類標本園，以及兆豐休閒農牧場之竹園。

　　本種同樣是泰國農業大學阿南教授寄來的種子而培育出的種子苗，之後分配到竹類標本園栽植，但目前仍為數量有限的竹種。命名人W. Munro是根據D. Brandis博士寄給他的標本，予以鑑定之後以Brandis博士之名命名，原命名時隸屬於蓬萊竹屬（*Bambusa*），後來經W.S. Kurz改隸為麻竹屬。

形態特徵

稈：稈高12~15公尺，徑8~12公分，灰綠至綠灰色；節明顯隆起，節間長30~45公分，稈基部之節有鬚根；稈壁甚厚；枝條多數叢生各節，惟基部各節較少亦較小。

↑ 布蘭第士氏麻竹的葉片呈橢圓披針形。

功用
竹稈可作為土木構造用材、家具、農用工具、編織及造紙等；筍味美可食。

↑ 布蘭第士氏麻竹種子苗。

稈籜：稈籜厚革質，早落性，紅棕色至黃色，長60公分，30~60公分寬；
　　　表面被貼生褐色毛，邊緣有纖毛；籜片頂部圓形；籜葉線狀披針
　　　形，長15~45公分，寬8~13公分，伸展或反捲，裡面有毛，底部
　　　狹小為圓形，再下延至籜片為小而打褶的籜耳；籜耳小；籜舌細齒
　　　狀，1~2公分寬，具深裂。

葉：葉片長橢圓披針形，長20~30公分，寬2.5~5公分，先端尖錐形，
　　具扭曲狀尾，基部近圓形，漸狹窄下延為短而有皺紋之葉柄；表面
　　深綠色，無毛，背面有細柔毛，葉緣粗糙具刺；主脈粗，有光澤，
　　側脈10~15，細脈方格狀；葉鞘有條紋，幼時具細毛，頂端膨大具
　　脫落性長鬚毛；葉耳缺如；葉舌於幼枝上顯著，甚長，尖頭，邊緣
　　鬚毛緣，尤於一邊為明顯，老則成截形。

花：花序為大型而多分枝之圓錐花序，具長而呈穗狀、細長而柔軟的分
　　枝，帶有苞之頭狀花簇直徑1.5~2.0公分，小花多數，花枝末端僅具
　　披針形苞片；花軸密生細毛；小穗長5~8公厘，寬度亦同，扁平卵
　　形，疏具細毛；空穎1~2枚，廣卵形，微凸頭，近無毛；小花2~4
　　朵，護穎明顯數脈，邊緣具纖毛，近頂部亦有毛；內稃橢圓形，尖
　　頭或雙微凸頭，龍骨線上具纖毛，邊緣膜翅狹窄，3脈；鱗被1或
　　2枚，披針形或佛燄苞狀，3脈，具長纖毛；雄蕊伸出，花藥黃綠
　　色，寬而短，具突尖或筆狀，花絲短；子房橢圓形，具毛，花柱
　　短，頂部為粗棍棒形羽毛狀柱頭，柱頭紫色。

果實：穎果卵形，3~6公厘，頂部具毛，花柱宿存。

↓布蘭第士氏麻竹之種子苗。　　　　↓布蘭第士氏麻竹之單叢。

巨竹

Dendrocalamus giganteus（**Wallich**）**Munro**, in Trans. Linn. Soc. 26：150. 1868

別　名	印度麻竹，龍竹、大毛竹、越南巨竹（中國竹類彩色圖鑑），蘇麻竹、大麻竹、沙麻竹（中國竹類植物圖志、世界竹藤）
異　名	*Bambusa gigantea* Wall., in Cat. Bot. Gard. 79. 1814 *Bambusa gigantea* Wall. ex Munro, 1868 *Sinocalamus giganteus*（Munro）A. Camus, 1949 *Sinocalamus gigantea*（Wall.）Keng f. 1957
英　名	giant bamboo
原產地	原產於印度、緬甸及泰國。
分　布	台灣係自馬達加斯加（馬拉加西）引進3次，曾經推廣雲林、南投、嘉義、台南、高雄等縣栽植，林業試驗所蓮華池研究中心設有試驗地。

　　本種是世界上所有竹類中最大型的竹子，原產地在印度、緬甸及泰國，但台灣是由馬拉加西（即馬達加斯加）引進3批，分別是1966年及1970年引進2批，當時正是台灣竹產業的黃金時代，本種引進的最主要目的應該是與麻竹、綠竹等一樣，以竹筍罐頭外銷賺取外匯。可惜「人算不如天算」，因本竹種筍體太大，而一般稱為「桶筍」的容器其所裝載重量是固定的，放1個太輕，放2個超重，依照當時主要輸出對象日本的規定，要「整體」（whole）而不能用「slice」（部分、分為若干分），作業過程十分麻煩，因此雖然曾經於中、南部各縣推廣，但最後仍銷不出去終歸失敗。本種曾有某「偉大人物」在扁平竹類原種園看到時嘆為觀止，隨即「命名」為「老濃巨竹」，實際上本竹種非老濃地區所原產，所以非常不適宜。

↓ 葉一簇5～15枚，呈橢圓狀披針形。

↓ 正在「脫衣」中的巨竹筍。

↑ 巨竹的新筍。

↑ 巨竹是全世界最大的竹類。

形態特徵

稈：稈高20~30公尺，徑20~30公分；節隆起，節間長30~45公分；稈壁厚1~3公分；枝條多數叢生。

稈籜：稈籜幼時淡紫色，表面疏生細毛；籜耳長條形，略反捲；籜舌極顯著，高約6~12公厘，齒狀緣；籜葉狹三角形、卵狀三角形或卵狀披針形，先端尖，略反捲。

葉：葉一簇5~15枚，橢圓狀披針形，長15~45公分，寬3~6公分，先端尖，基部楔形，側脈8~16，細脈6，格子狀；葉柄長5~10公厘；葉耳不顯著；葉舌突出；葉鞘平滑無毛。

小穗：小穗4~12聚生，尖卵形，長1.2~1.5公分，徑3~4公厘，每小穗含小花4~8朵；護穎2或較多，長4~5公厘，寬4~5公厘，表面及邊緣有毛；外稃廣卵形，長9.5公厘，寬10.0公厘，縱脈25，橫小脈顯著，邊緣有毛；內稃長9公厘，寬2.5公厘，龍骨線間縱脈2，兩側各1，龍骨線上密生細毛；雌蕊長10公厘，子房卵形，有毛，維管束3；花柱連接柱頭，紫色，羽毛狀；雄蕊6，裸露；花藥長6.5公厘，頂端有點狀突出；鱗被缺如。

果實：穎果橢圓形，長7~8公厘，頂部有毛。

哈彌爾頓氏麻竹

Dendrocalamus hamiltonii Nees et Arnott. ex Munro, in Trans. Linn.
Soc. 26：151, 1868

別　名	版納甜龍竹（世界竹藤）、甜筍竹、甜竹、甜龍竹（中國竹類植物圖志）
異　名	*Bambusa monogyna* Grifith, in Notulae, p. 63, Icon. cl. fig. 2 *Bambusa maxima* Ham. in Wall. Cat. 5039 *Bambusa falconeri* Munro, in Trans. Linn. Soc. 26：95
原產地	原產喜馬拉雅東北、阿薩姆河谷、卡西亞山丘。
分　布	分布至緬甸北部、雲南西雙版納、尼泊爾等地。

　　本種之所以引入台灣似有「魚目混珠」的嫌疑，它應是與馬來麻竹同時由泰國引進。在馬來麻竹兩次的引進記錄中，以1967年的可能性較大，因筆者奉命於1972年起擔任蓮華池分所主任時，六龜分所曾攜來一批引進竹類進行造林試驗，其中就有馬來麻竹，而本種就混在裡面。有趣的是：引進的林維治本身並不自知，但是有由他命名的「赫馬氏麻竹」。1989年時筆者即與分所同仁陳春雄一起觀察這兩種（我們只好分為A、B兩種）

↑ 哈彌爾頓氏麻竹的竹稈直徑可達10多公分。

之間的產筍量、竹筍品質間的差異，本種在全台灣的植株於1991年全部開花，即連以馬來麻竹之名進行枝插繁殖試驗中，同樣混入而發根萌芽的苗木也在所難免。目前台灣各地標本園中的植株，就是當時採種子培育出來的種子苗。根據J.S. Gamble（1896）的記述，本種曾於1894年在錫金（Sikkim）及台拉登（Dehra Dun）等地區集團開花，如果從那時到1991年之間都沒有開花記錄，那麼本竹種的壽命大概是100年左右，但又有一說為本種經常遇到零星性開花，因此加上這些偶發性的開花情形時，其壽命又很難論定了。

↑ 哈彌爾頓氏麻竹開花株（後）與正常株（前）

形態特徵

稈： 高大型竹類，直立或有時外傾而梢部下垂；稈高12～18公尺，有時達24公尺，直徑10～18公分；稈幼時灰白色，被密而貼生之細毛，有時暗綠色；節間長30～50公分；稈壁厚約1.3公分；通常基部無枝，至上部枝條多數簇生。

稈籜： 稈籜長而硬，大小變異大，較大稈之基部者40～46公分長，約20公分寬，內面無毛具光澤，表面粗糙無毛或疏生褐色貼生細毛及斑紋，頂部截形，兩邊具小而無毛之三角形突起（籜耳？）；籜葉底部約為籜片頂部之3/4寬，通常為30公分長，狹窄或卵狀披針形，邊緣內捲，表面無毛，內面底部密生黑色尖銳毛；籜舌5公厘寬，全緣而平滑。

葉： 葉形變異大，在側枝上者通常較小，惟在新生竹上者可達38公分長，6公分寬；一般為卵狀披針形，長25～40公分，寬4～8公分；通常兩邊不等形，基部圓形轉變為粗而短之葉柄，上部廣披針形而尖頭，先端銳尖形，粗糙而扭曲，表面平滑，背面粗糙，邊緣具細鋸齒；主脈細而隆起，側脈6～7，相當明顯，有時兩邊不同數，細脈5～7，格子狀；葉鞘上部無毛，底部具白色貼生硬毛；葉耳不顯著；葉舌寬，通常延長而呈歪斜截形或為鋸齒狀。

花： 花序大而為多分枝之圓錐花序，具多輪小枝；小穗多數可稔性，紫色，扁平卵形，1公分長，無毛；空穎通常2枚，短而圓頭，有脈；

↑ 哈彌爾頓氏麻竹籜耳平截不明顯。

↑ 葉呈卵狀披針形，常兩邊不等形。

小花2~4朵，通常全數可稔；護穎寬，圓球狀，有些反捲，鬚毛
緣；基部小花之內稃與護穎同長；2龍骨線，龍骨線上有纖毛，先
端尖銳2分叉，背部有2脈，最後1朵小花無龍骨線，僅在尖端具毛
而已，多脈；雄蕊長，外伸而懸垂；花藥紫色，藥隔長而黑、具毛
而扭曲之尖頭；子房扁球形，有毛，花柱長亦有毛，柱頭羽毛狀3
分叉。

果實：穎果廣卵形，底部圓形，帶硬化之花柱而呈尖嘴狀，頂部有毛或光
滑無毛，底部有毛，可看到胚。

↑ 哈彌爾頓氏麻竹的開花枝和盛開之小花。

↑ 哈彌爾頓氏麻竹的種子。

功 用

竹材可供建築、編織之用，由於其稈壁較薄，因
此用於建築時較大耳竹略遜；筍味美可食用。

麻竹

***Dendrocalamus latiflorus* Munro**, in Trans. Linn. Soc. 26：152, 1868

別　名	大綠竹、甜竹（中國竹類彩色圖鑑），大頭竹、吊絲甜竹、青甜竹、大葉烏竹、馬竹等（中國竹類植物圖志、世界竹藤）
異　名	*Bambusa latiflora*（Munro）Kurz, in Journ. As. Soc. Beng. 42（2）：250. 1873 *Sinocalamus latiflorus*（Munro）McClure, in Lingn. Univ. Sci. Bull. 9：47, 1940
英　名	ma chu, ma bamboo, Chinese giant bamboo
原產地	原產中國廣東、廣西、福建、貴州、雲南諸省及緬甸北部。

　　在早期先民自中國引進的少數經濟竹種之中，對台灣外匯的賺取與累積功勞最大的，可能就是麻竹了。這當中政府研究機關對筍用竹種栽培法的改良，尤其是竹叢培土的作業，也是使其竹筍品質提高最大的功勞者。根據林維治等（1962）及戴廣耀等（1973）兩次調查的結果，本種的栽培面積均僅次於原生種的桂竹，可以看出本種在台灣竹林資源中的重要性。筆者自1985年前後開始竹類開花的研究，以及採種育苗的工作，自此以來，種子採集最多、種子苗培育最多也是本種，那些種子苗都集中栽植於蓮華池研究中心的蓮華池和大草埔兩林區內，這些種子苗將在幾年之後再開花？也是頗具興味的問題。

形態特徵

　稈：稈高達20公尺，徑亦達20公分，表面綠色或灰綠色，平滑無毛；節隆起，節間長20~70公分；稈基部節上環生氣根；稈壁厚0.5~3.5公分；枝條多數叢生，梢部下垂。

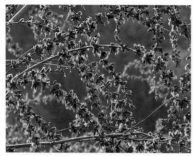
↑ 麻竹的開花枝、小穗和正盛開的小花。

↑ 麻竹竹稈基部節上環生氣生根。

↑ 正在發筍的麻竹。

稈籜：稈籜脫落性，革質，硬而脆，表面綠色，上部橙黃色，老則變為灰棕色，表面光滑無毛或密布棕褐色細毛，全緣；籜耳細小，反捲；籜舌狹細，高1~3公厘；籜葉尖卵形乃至披針形，先端尖，基部狹窄，反捲。

葉：葉一簇5~12枚，橢圓狀披針形，長20~40公分，寬2.5~7.5公分，先端尖，基部鈍形或圓形，側脈7~15，細脈7，格子狀；葉緣有一邊密生刺狀毛，另一邊則疏生或全緣；葉柄短，長4~8公厘；葉耳不顯著；葉舌突出，舌狀；葉鞘長10~22公分，幼時下部微毛，老則平滑。

小穗：小穗1~7個聚生，卵形，扁平，淡紫紅色或暗紫色，長1.0~2.0公分，寬8~12公厘，每小穗含小花6~8朵；護穎2或更多；外稃廣卵形，長1.2~1.3公分，寬0.7~1.6公分，表面密生細毛，縱脈29~33，橫小脈顯著，邊緣有毛；內稃長7~11公厘，寬3~4公厘，密生細毛，龍骨線間縱脈3，兩側各2；雌蕊長1.6公分，

↑ 麻竹開花枝同一節上不同發育階段的小穗。

功用

竹材可作為建築、竹筏、農具、家具、工藝及造紙原料。竹筍味美可供食用。

子房卵形，有毛，維管束3；花柱連接柱頭，柱頭羽毛狀；雄蕊6，通常裸露；花藥黃色，長5~7公厘，頂端尾狀突出；鱗被缺如。

　　台灣係早期由福建、廣東移居台灣的先民所引進，栽培面積甚廣，以南投、雲林兩縣最盛。

果實：穎果扁卵形，先端尖，基部圓形，長8~12公厘，徑4~6公厘；果皮薄，淡棕色。

美濃麻竹

Dendrocalamus latiflorus Munro, ‘Mei-nung’

異 名	*Dendrocalamus latiflorus* Munro cv. *Mei-nung* Lin, in Bull. Taiwan For. Res. Inst. 98：10, f. 6, 1964
英 名	Meinung ma chu, Meinung ma bamboo
原產地	在台灣產生之變異。

　　乃由麻竹產生的變異品種，係林維治於1959年在高雄縣美濃所發現，故以發現地命名而於1964年發表為新栽培種。本栽培種尚可見於梅山、嘉義、竹山鎮瑞竹等地的麻竹林地，由於是在台灣發生的變異，因此列入為台灣的原生種。

形態特徵

　　本栽培種係由麻竹所產生的變異品種，其特徵為：（1）竹稈及枝條之節間為淺黃色或淺綠色，具深綠色縱條紋；（2）筍籜表面有黃白色條紋。

　　本栽培種產於台灣中、南部，栽培種名即表示其發現地為高雄美濃。

功 用
除供觀賞之外，其他用途同麻竹。

↑ 美濃麻竹的竹稈節間為淺黃色或淺綠色。

↑ 黃、綠縱條紋鮮明的竹稈。

↑ 美濃麻竹的竹稈及枝葉。

↑ 美濃麻竹的單叢、新筍。

↑ 美濃麻竹為麻竹所產生的變異品種。

↑ 美濃麻竹的竹稈、新筍。

葫蘆麻竹

Dendrocalamus latiflorus Munro, 'Subconvex'

異　名	*Dendrocalamus latiflorus* Munro,cv. *Subconvex* Lin, in Bull. Taiwan For. Res. Inst. 271：57, 1976 *Dendrocalamus latiflorus* Munro var. *lagenarius* Lin, in Bull. Taiwan For. Res. Inst. 98：6, f. 3, 4, 5. 1964
原產地	在台灣產生變異。

　　同樣是由麻竹所產生的變異品種，也是由林維治於1959年在嘉義所發現，並於1964年以*Dendrocalamus latiflorus* Munro var. *lagenarius* Lin之名發表爲新變種。其後於1976年再以現在的名字改爲新栽培種。

　　在台灣現有叢生型竹類之中，竹稈節間膨大有如葫蘆形者有3種，即爲佛肚竹、短節泰山竹及本種，略述其辨別檢索表如下：

　　A1稈籜表面光滑無毛，籜耳細小但突起狀 ………………… 佛肚竹

　　A2稈籜表面密布暗棕色細毛，籜耳顯著似耳狀突起，

　　　　邊緣有毛 ………………………………………… 短節泰山竹

　　A3稈籜表面密布棕褐色細毛，或有時光滑無毛，

　　　　籜耳細小而反捲，葉片明顯較大 ………………… 葫蘆麻竹

←葫蘆麻竹的變異稈呈酒壺狀或棍棒狀。

形態特徵

　　本栽培種係由麻竹所產生之變異品種，其特徵為：（1）稈為畸形稈，即：節間短，且膨大呈酒壺狀或棍棒狀，上下兩節合看像葫蘆；（2）葉脈為格子狀脈，橫小脈較麻竹明顯。

　　本栽培種係在台灣產生的變異，嘉義及高雄一帶均有栽培。

↑葫蘆麻竹的葉脈為格子狀脈，橫小脈也較為明顯。

↑葫蘆麻竹的竹叢及新筍。

→葫蘆麻竹的單叢。

功　用

除可供為觀賞外，其他用途同麻竹。

緬甸麻竹

Dendrocalamus membranaceus Munro, in Trans. Linn. Soc. 26：149. 1868

別　名	黃竹（中國竹類植物圖志、世界竹藤）
原產地	原產緬甸東部、泰國及印度，分布於中國雲南之耿馬、景洪等地。
分　布	台灣的引進年代不詳，但應該是在1980年前後，係由泰國帶回的種子培育而得之種子苗，目前尚僅栽植於各地的竹類標本園內。

　　本種引進台灣的年代不詳，但由以往均無記錄看來，應是1980年前後，因爲該年前後引進的竹類，均先集中於林業試驗所中埔分所埤子頭苗圃育苗，而本種即於該苗圃發現，但也有可能是1967年，因爲林維治曾於當年前往泰國考察，任務是採集竹類標本及引進經濟竹種，而本種也是以跟隨標本帶回的種子培育所得之種子苗。因株數有限，仍僅栽植於各地的竹類標本園內。

形態特徵

　稈：屬於中、大型竹類；稈通直，高18～21公尺，徑3～12公分；幼時被脫落性白色粉質皮垢，老則爲綠色；節環明顯，近基部各節有氣根；節間長20～40公分；枝條多數簇生各節，梢端枝細，下垂；稈壁6～10公厘厚。

↑緬甸麻竹的節環相當明顯。

↑緬甸麻竹靠近竹稈基部各節有氣根。

稈籜：稈籜早落性，厚紙質至
革質，較節間為長，長
30～50公分，寬13～20公
分，表面無毛或貼生暗褐
色硬毛，邊緣具纖毛，頂
部狹窄，具暗褐色波浪
狀緣毛的籜耳而與籜葉
相連；籜葉狹長，寬披
針形，先端尖頭，反捲，
兩面均具褐色毛，內面
基部尤多；籜耳波狀或
不明顯；籜舌極明顯，高
達5～12公厘，內面具剛
毛，呈粗鋸齒狀。

葉：葉披針形，薄質，長
12～25公分，寬1.5～2.5公
分，表面光滑無毛，背面
蒼白色，先端銳尖，基部
圓形至鈍形，或漸細而變
為短而又略扭曲的葉柄，
葉柄長2～5公厘；葉邊緣
呈尖刺狀而粗糙；主脈明
顯，無毛；側脈4～7對，
細脈7～9；葉鞘有條紋，
無毛；葉耳小，鉤狀，具
紫色長毛，幼時為白色；
葉舌鈍形，甚短，內面有
毛。

↑ 緬甸麻竹的葉片呈披針形，表面光滑無毛。

→2007年於竹山瑞竹竹類標本園內有1叢開
花，地上還有天然下種的種子苗，距其上次
開花為40年。

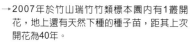

133

花：花序為大型圓錐花序，疏生圓球狀頭狀花；花軸無毛或常於上部具
白細毛；頭狀花徑1.8~2.5公分；小穗略扁平，有光澤，近無毛，
長1.0~1.3公分，寬3~5公厘，每小穗具2~3稔性小花；護穎2，
卵形、鈍形或尖形；外稃卵形，邊緣常具纖毛，微凸頭，有條紋，
無毛；內稃與外稃同長，略鈍頭，基部小花具龍骨線，龍骨線具3
脈且具纖毛，最上端小花圓形而近無毛，少脈，尖頭；雌蕊子房卵
形，頂部有毛，底部則無毛，頂生細長絲狀花柱，終結於紫色羽毛
狀柱頭；雄蕊外伸，花絲細長，花藥黃色，具短突起。

果實：穎果廣卵形，底部圓形，5~8公厘長，一邊有溝而略扁平，頂端具
宿存花柱；胚明顯。

功用

稈形高大，材質堅硬，
可用於建築、引水槽、
農具、編織等。竹筍可
供食用。

↑ 欣欣向榮的緬甸麻竹竹筍。

↑ 緬甸麻竹屬中大型竹類，其高可達21公尺。

印度實竹

Dendrocalamus strictus（**Roxburgh**）**Nees**, in Linnaea 9：476. 1834

別　名	牡竹（世界竹藤），竹米子（中國竹類植物圖志），巨竹、蕩竹、蕩大竹（竹的種類及栽培利用）
異　名	*Bambusa stricta* Roxburgh, in Corom. Pl. 1：58, t. 80. 1798 *Bambusa pubescens* Loddiges ex Lindley, in Penny Cyclop. 3：357. 1835
英　名	male bamboo
原產地	原產於印度、緬甸、尼泊爾、不丹、錫金、斯里蘭卡、馬來西亞及印尼。
分　布	據林維治氏（1976）的報告，本種係由金平亮三氏於1922年自印度帶回種子，育苗後栽植於林業試驗所台北植物園內，至1948年由林氏發現之前，均無記錄。目前在各地竹類標本園內均有栽培。

　　我們常說竹稈空心有節，用以曉喻人生、樹德勵志修身處世之道，「竹心空，空以體道，君子見其心，則思應用虛受者。竹節貞，貞以立志，君子見其節，則思砥礪名行夷險一致者……。」但是本種「實竹」之名的由來，明顯表示它「很實在而不心虛」，倒是有人說：「有此竹稈一棍在身，小偷、強盜也不怕了。」因為實心，所以在竹工藝上的用途上較為特殊，例如製作竹桌椅時，可以利用本種竹材為其腳，又如目前盛行燒竹炭，以實心竹材燒出來的竹炭用途應該更廣泛，值得試試。

形態特徵

稈：稈高6~15公尺，徑3~6公分，梢端勁直或微彎曲；節間長15~35公分；稈壁甚厚，近於實心，尤以稈基部附近者多為實心，稈被白粉，無毛；節稍隆起；枝條多數叢生。

稈籜：稈籜黃綠色，密布棕褐色細毛；籜耳極細小或不顯著；籜舌狹細；籜葉卵狀三角形或三角形，直立，表面及背面無毛，邊緣有毛。

←印度實竹的竹叢。

↑ 印度實竹的枝條多數叢生。

葉：葉一簇6~16枚，紙質，狹披針形，
　　長12~30公分，寬1.0~2.5公分，
　　先端尖銳，基部楔形或鈍形，側脈
　　3~6，細脈5~9，平行脈；葉緣密生
　　刺狀毛；葉柄短，長2~5公厘；葉
　　耳不顯著；葉舌凸出，齒緣；葉鞘
　　長4~8公分，平滑無毛。

↑ 印度實竹的稈籜呈黃綠色。

小穗：小穗聚生枝節成球狀，徑約2.5公
　　分；小穗長0.7~2.0公分，每小穗含
　　2~6朵小花，其中完全花2~3朵；
　　護穎2，卵形，長2~3公厘，縱脈
　　10~14；外稃闊卵形，長6~10公
　　厘，寬8公厘，先端芒狀突出，縱脈
　　18；內稃長5~9公厘，龍骨線間之
　　縱脈3~4，兩側各3~4，龍骨線上密

功　用

竹材厚或近於實心，可供建築、家具
以及膠合工藝之用。

生細毛；子房卵形，長1~2公厘，具柄，先端收縮為長約4公厘的花
柱，花柱連接帶紫色之羽毛狀柱頭；雄蕊6枚，花絲線形，長約8公
厘；花藥闊線形，長4.5公厘，帶紫色；鱗被缺如。

果實：穎果略呈斜卵形，長6~8公厘，徑3~4公厘，頂部有毛，花柱宿
　　存。

籐竹屬

Dinochloa, **Buse** in Pl. Jungh. 388

模式種：紫籜籐竹，*Dinochloa scandens* Kuntze。

形態特徵

　　高大攀緣性竹類，具〈字形曲折稈，稈中度粗細，通常有宿存性稈籜。

　　稈籜厚，疏鬆環抱，基部有皺紋，籜脫落後常於節環上留下寬的革質環。籜葉長。

　　花序為由小穗簇合而成之大的複圓錐花序（compound panicle），小穗極小而且多，呈半圓球形之頭狀或短小枝；小花1枚，花軸短，不具關節；穎片1~4枚，寬而極鈍；外稃與穎片相類似；內稃捲旋狀，與外稃同大或稍大，不呈龍骨狀；鱗被缺如；雌蕊之子房卵形，光滑無毛，花柱短；雄蕊6枚，花絲短而分離。

穎果倒卵形而尖。（Gamble，1896）

　　本屬約有6種，中國廣東及海南島產3種，其餘產馬來半島。（陳嶸，1984）

紫籜籐竹

Dinochloa scandens（Bl.）**Kuntze**, in Rev. Gen. Pl. 773, 189

別　名	印度紫竹（園藝花木種苗商商品名），莎簕竹（園藝苗商誤用）
異　名	*Bambusa scandens* Bl. ex Nees, in Flora 7：291, 1824 *Nastus tjankorreh* Schultes, in Syst. Veg. 7：1358, 1830 *Dinochloa tjankorreh* Buse, in Miquel Pl. Jungh. 1：388, 1854
原產地	產於泰國及馬來西亞。
分　布	在泰國分布於南部靠近馬來西亞的熱帶森林中。

　　由「籐竹」之名即可大致猜到它是籐狀竹類，只有這種類型竹類在「完成生長」之後還會繼續生長，亦即還會繼續抽長長高。有些園藝業者好像稱本種爲「印度紫竹」，但實際上本種不產於印度，而且「紫竹」之名已「名竹有主」，乃爲黑竹的別稱，也有人將本種當成是原產於恆春半島山區的莎簕竹，事實上本種是最近才由園藝業者引進，許多形態上的特性與莎簕竹有別，其最主要不同處，是本種整體上給人較「粗糙」（摸起來）的感覺。

形態特徵

稈：稈攀緣性籐本，攀登樹上，高可達30公尺以上，徑0.8~2.5公分，呈く字形曲折；節隆起；幼時節間表面被灰色倒鉤毛，由上而下順向撫摸感覺粗糙，由下向上撫摸就會有不順暢或阻逆感覺，老稈則脫落而只有粗糙感；節環上會留下稈籜脫落後之寬帶狀籜環；稈壁厚；枝條細多數叢生，基部各節通常不分枝。

稈籜：稈籜幼時（新筍期）爲紫色，表面密生紫紅色毛，邊緣有細齒；籜耳不顯著；籜舌高1.0~1.5公厘，頂端帶短毛；籜葉卵狀披針形，先端尖形，早落性。

→紫籜籐竹節環上遺留的籜環。

↑ 由紫籜藤竹整理成的拱門。

葉：葉一簇6~11枚，橢圓狀披針形，先端尖形，葉表面密被粗毛，觸
　　之有粗糙感；基部楔形或鈍形；長15~25公分，寬1~3公分；側脈
　　6~9，細小脈約爲7（攝於背面顯著，背面光滑無毛；葉邊緣具尖刺
　　毛而粗糙；葉柄短，長約3公厘；葉耳裸露，大而且長，頂端具多
　　數剛毛；葉舌近圓形，細齒狀緣；葉鞘表面有密毛。

　　另根據Ohrnberger and Goerrings（1984），本種分布馬來西亞的
Perak、Sabah及Sarawak，泰國、印尼的爪哇及摩鹿加、菲律賓中、南部的
平地或丘陵森林中。在台灣可能係由園藝業者於近年由國外引進，商品名
印度紫竹（據其產品目錄），但本種不產於印度。著者依其筍籜的顏色特
徵命其中文名稱如上。

　　又許多人士（尤其是園藝苗木商）誤以本種爲原產台灣南部之莎簕
竹，但莎簕竹（1）節間光滑無毛；（2）葉片較細長；（3）節環上無留存
之籜環；及（4）新筍筍籜爲綠色等特徵而得以分辨。

功用

稈細小而曲折，
常利用於製繩
索、編織、作竹
椅或小工藝品。

→紫籜藤竹的新生
竹，〈形竹稈及
枝葉。

↑ 尚帶有稈籜的紫籜藤竹。

↑ 紫籜藤竹的竹稈基部各節通常不分枝。

↑ 筍籜鮮豔的紫紅色。

↑ 紫籜藤竹的老稈與新筍。

巨草竹屬
Gigantochloa, Kurz ex Munro

模式種：*Gigantochloa atter* Kurz ex Munro。

別 名	巨竹屬（中國竹類植物圖志、世界竹藤）
分 布	產地分布於緬甸、馬來半島及阿薩姆地帶有8種；印尼及印度群島有2種；另2種尚不明確；泰國產其中之2種。台灣引進栽培3種。

形態特徵

大型喬木狀或攀緣性竹類。稈通常高大，基部不分枝。

稈籜一般堅硬，頂部有毛，底部無毛；籜耳顯著。

葉大而長，通常基部變細。

花序為大型複圓錐花序，具長而有穗狀的枝條，枝上著生頭狀花或小穗；小穗通常稀少，圓錐形或線形；小花有兩種：即可稔性花及不稔性花。可稔性花通常數枚；空穎2或3枚，花穎與空穎相類似；所有小花之內稃具2龍骨線，龍骨線上有纖毛；鱗被3或較少，常缺如；雌蕊之子房具毛，花柱伸長，柱頭1~3，有毛；雄蕊6枚，花絲連結成管狀，初期粗而短，稍後延長，膜質。

穎果通常橢圓形或較狹窄為線形，通常有溝，果皮為膜質。

· 巨草竹屬之種檢索表

❶稈為綠色或灰綠色	❷幼稈之部分或全部被白色細毛，老則脫落而光滑、綠色 ⋯⋯⋯ 馬來巨草竹
	❷幼稈密被白色至棕色絨毛，老後變灰綠色 ⋯⋯⋯ 菲律賓巨草竹
❶稈幼時鮮綠色帶狹細黃色縱條紋，老後變灰綠色 ⋯⋯⋯ 條紋巨草竹	

↑菲律賓巨草竹群植。

馬來巨草竹

***Gigantochloa apus*（Schultes）Kurz,** in Tijdschr. Nrd. Ind. 27：226. 1864

異　名	*Bambusa apus* Schultes, in Syst. Veg. 7：1353. 1830 *Gigantochloa kurzii* Gamble, in Ann. R. Bot Gard. Calc. 7：65, pl. 56. 1896 *Gigantochloa takserah* Camus, 1929 *Schizostachyum apus*（Schult.）Steud, 1855
原產地	原產泰國南部、馬來半島熱帶森林中，早期即引進印尼廣泛栽培。

　　本種為泰國原生種，產於泰國南部，分布馬來半島的熱帶森林中。林維治於1980年自薩爾瓦多引進。

形態特徵

稈：稈高10~20公尺，徑5~9公分；幼稈之有部分或全部被白色細毛，老則脫落而光滑，綠色；節間長30~60公分；節顯著隆起，稈壁厚；枝條多數叢生，近基部各節無枝條。

稈籜：稈籜革質，表面密被暗褐色毛；籜耳小，具數條短刺毛；籜舌狹窄，3~5公厘高，具細齒；籜葉披針形先端銳尖，基部狹窄，反捲，幼時兩邊具毛，老則脫落無毛。

↑ 馬來巨草竹的竹稈及新筍。

↑ 稈籜革質，表面密被暗褐色毛。

葉：葉線狀披針形，先端銳
尖，基部偏歪楔形，長
15～40公分，寬2～7.5公
分，表面無毛略粗糙，背
面疏生細毛，邊緣針刺狀
粗糙；側脈9～11；葉柄
長0.7～1.2公分；葉耳近
圓形，通常無毛；葉舌圓
形或截形，高2～3公厘，
邊緣具短細毛；葉鞘有條
紋，幼時有毛，老則脫
落。

　　台灣係於1980年由薩爾瓦多
引進，目前台灣各地之竹類標本
園均有栽培。

功　用

稈利用於建築、農具、竹筏、繩索、竹
絲、編織及造紙等之原料。

↑ 馬來巨竹的竹叢形象。

↑ 葉片呈線狀披針形，先端銳尖。

↑ 稈籜為遲落性。

菲律賓巨草竹

Gigantochloa levis（**Blanco**）**Merr**. 1916

別　名	毛筍竹（中國竹類植物圖志、世界竹藤）
異　名	*Bambusa levis* Blanco, 1837 *Gigantochloa scribneriane* Merr. 1906 *Dendrocalamus curranii* Gamble, 1910
原產地	產於菲律賓、馬來半島，中國雲南、廣東有栽培。

　　本種原產於菲律賓，林維治於1974年考察菲律賓林業時，由菲律賓大學林學院所贈送而帶回。林業試驗所蓮華池及太麻里兩研究中心設有本種和其他7竹種的造林試驗地。本種竹筍可供食用。

形態特徵

稈：稈正直，高12~15公尺，徑8~13公分；稈壁薄；節間長25~45公分，幼時密被白色至棕色絨毛，老後變灰白色。

稈籜：稈籜早落性，厚革質，密被棕褐色刺毛；籜耳長圓形，兩邊近等大，邊緣具屈曲的棕色繸毛；籜舌發達，高0.6~1.5公分，先端深裂

↑ 新筍稈籜密被褐色毛。

↑ 發筍狀態。

為流蘇狀；籜葉卵狀三角形，開展或外翻，基部收縮，寬約為籜片頂部之一半。

枝條多數叢生，各枝大小近等大，主枝不明顯。

葉：葉披針形，長15~25公分，寬1.8~3.0公分。

　台灣係於1974年自菲律賓引進，1981年再自薩爾瓦多引進，目前在林業試驗所之蓮華池、太麻里等研究中心設有本種和其他7竹種之試驗地外，各地之竹類標本園均有栽培。

↑ 菲律賓巨草竹竹叢。

條紋巨草竹

Gigantochloa verticillata（**Willd.**）**Munro**, in Trans. Linn. Soc. 26：124. 1868

別　名	花巨竹（中國竹類植物圖志、世界竹藤）
異　名	*Gigantochloa pseudoarundinacea*（Steud.）Widjaja *Bambusa verticillata* Willd. 1799 *Arundo maxima* Lour. 1790 *Bambusa maxima*（Lour.）Poir, 1808 *Bambusa pseudoarundinacea* Steud. 1854 *Gigantochloa maxima* Kurz, 1864
原產地	產於印尼、馬來半島，自緬甸南部至馬來群島均有分布或栽培。

　　本種因稈部具有黃色縱條紋，有人即將本種誤爲是條紋大耳竹，其實兩種之間有很大差異，即：本種的籜葉爲卵形而短、反捲；條紋大耳竹的籜葉則特大以致幾可繞稈一周。

形態特徵

稈：稈高10~30公尺，徑10~18公分，幼時鮮綠色帶狹細黃色縱條紋，老時變爲灰綠色，初時被脫落性貼生淡褐色硬毛；節不隆起，初時節上有貼生黑毛，後則脫落而無毛，稈基部各節節上有氣根；節間長40~60公分；近基部者的稈壁厚約2.0公分。

稈籜：稈籜大，質硬而脆，長30公分，寬與長同或略寬，逐漸變圓，至頂部爲2.5~4.0公分寬，外面密被金褐色毛，內面則光滑無毛，兩邊具小而圓形的籜耳；籜耳邊緣具數條硬毛，並連接到籜舌；籜舌矮狹，邊緣具短毛或齒狀裂；籜葉短，卵形，先端尖，內面有毛，反捲，向下漸狹小而與籜片頂部相接。

←條紋巨草竹的竹稈具黃色條紋。

功　用

竹材可供建築、農具、合板、手工藝品等，亦供觀賞。

葉：葉片橢圓披針形，25～38公分
　　長，4～6公分寬，基部漸狹變細
　　而接5～8公厘長的葉柄，頂端為
　　錐狀扭曲而粗糙的尖端；表面
　　無毛，背面幼時有毛，後則變
　　灰色而無毛，邊緣粗糙；主脈
　　細，側脈8～12，細脈7～8；葉
　　鞘於幼時有毛，有條紋，頂部
　　截形；葉耳短小圓形，無毛，
　　邊緣延伸為高約3公厘的葉舌。

↑ 葉呈橢圓披針形。

花：花序為複圓錐花序，穗狀小枝
　　帶疏生頭狀的小穗；花軸平滑
　　細長近實心；小穗卵形，近尖
　　頭，長8～10公厘，可稔性花
　　2～4朵；護穎2～3，稍尖的廣卵
　　形，邊緣略具細毛；外稃形狀
　　相似，多脈，具短微凸頭，邊
　　緣有毛；內稃較外稃為短，橢
　　圓形，具2龍骨線，龍骨線上及
　　線間均有毛，有時雙微凸頭，
　　3～5脈；鱗被變異大，通常只在
　　最頂端可稔花為3枚，其餘則為
　　1～2枚，倒披針形，短毛緣；雌
　　蕊之子房扁球形，多毛，花柱
　　細，甚短，有毛，分為2～3叉
　　白色柱頭；雄蕊外伸，花絲膜
　　質，花藥黃色，頂端多少具毛。

↑ 葉鞘於幼時有毛。

　　台灣係於1980年自薩爾瓦多引進，曾栽植於林業試驗所各竹類標本園
內，並曾與其他7種在蓮華池、太麻里等研究中心設有試驗地，目前在扇平
竹類原種園、瑞竹、竹崎及台東竹類標本園等地均有栽培，福山植物園竹
區原亦有栽植，惟最近被整理而已消失。本種常被誤認為條紋大耳竹，但
由條紋大耳竹筍籜上的大籜葉及大籜耳及可與之明顯予以區別。

南美莉竹屬

Guadua, Kunth in Journ. de Physique. 148, 1822

模式種：南美莉竹，*Guadua angustifolia* Kunth。

↑ 南美莉竹在南美洲為重要經濟竹種。

形態特徵

枝條多數，幼小枝常具硬尖頭和莿；葉寬大或狹窄，光滑無毛，有葉柄；葉柄無毛或有毛；橫小脈通常退化或無；葉鞘通常有毛；花序多變化，頂生，圓錐花序近於不分枝，稀針狀，小枝稀疏，或常與枝條在頂部呈圓錐狀，靠近節之帶穗小枝無葉。

頂部和基部小穗發育不完全，圓筒狀，小花多數，底部數枚小花為雄花，或單性至中性，接續其上的少數或多數為雙內稃兩性花，頂部者發育不全，小花有時為脫落性；護穎2枚，短，有時帶有芽；內稃底部多脈，通常為卵形並具短微凸頭，邊緣有長毛或無毛，向內捲曲，雙龍骨線，通常具寬翅；花柱通常分3裂或2裂，少數會再分4裂，柱頭或長或短，有時為美麗的羽毛狀或有毛，有時展開為膜質邊緣而具尖細齒；雄蕊6枚；鱗被3，通常鈍頭，底部多脈，頂部有長毛。

穎果橢圓形或線狀長橢圓形，頂部有毛或無毛，花柱常膨大成球莖狀而留存。

產地在中、南美洲。分布巴西、哥倫比亞、墨西哥、委內瑞拉、秘魯等地。

南美莉竹

Guadua angustifolia Kunth, in Syn. i. 253；Enum. 433；Suppl. 357.

別　名	狹葉瓜多竹（世界竹藤）
異　名	*Bambusa guadua* H. et B. in Pl. Aequin. 168. *Nastus guadua* Spreng. in Syst. ii 113
原產地	產哥倫比亞、厄瓜多爾、委內瑞拉等南美洲的東北地帶，主要在沿安地斯山脈之西邊山坡，巴西、巴拉圭至阿根廷北部亦產。
分　布	台灣係於1980年分別自哥倫比亞、哥斯大黎加引進，目前仍僅栽植於各地竹類標本園。

　　本竹種由林維治於1980年分別自哥倫比亞、哥斯大黎加引進之後，曾與長節竹、菲律賓巨草竹等7種新引進竹類，於林業試驗所蓮華池、太麻里兩研究中心設置造林試驗地，其中蓮華池研究中心共設2區，但在這3個試驗區中的南美莉竹均未成活。本種在中、南美地區甚為普遍，用途廣泛，是該地區的重要經濟竹種。據美國竹類協會通訊（American Bamboo Society Newsletter）20卷第1期（1999年2月）報導，哥斯大黎加政府的國家竹類計畫，準備每年蓋1000戶以上的竹屋作為國民住宅，以提供國民居住，材料均來自60公頃南美莉竹的造林地，相當於砍伐500公頃熱帶雨林所能取得的高價木材，由此即可見其重要性之一般。

形態特徵

　稈：稈直立，叢生甚密；高通常在18公尺左右，有時達30公尺，徑10~15公分，有時達20公分，頂梢寬拱形彎垂；節間中空，有時在節上有枝條處的上方有淺溝，亦即芽溝部，節間在稈基部者極短；稈壁在稈基部者達2.5公分厚；節下方具明顯白色環，幼時尤為明顯，因此節的區隔極為醒目。

↑稈籜表面密布褐色細毛。

↑南美莉竹的新筍。

↑南美莉竹的枝、葉。

稈籜：稈籜在上層者為早落性，近基部各節則多少為宿存性；表面密布細棉毛，尤於底部具宿存細褐色毛；基部的稈籜通常缺籜耳及肩毛；籜耳變異大，通常凸圓形，有時為截形或肉峰形；籜葉粗糙，三角形，基部幾乎與籜片頂部同寬，宿存，貼生於稈部。

枝條：枝條於基部較少，多數為單支，愈上方枝條愈多而簇生，枝條基部各節有刺多枚。

葉：葉片大小及形狀之變異大，在幼小時較寬而短，為卵狀披針形至橢圓狀披針形，長18公分，寬5公分；於老稈者為橢圓形至線狀披針形，長20公分，寬1.3公分，有時為1.9～2.2公分；先端尖，基部漸狹小延伸為葉柄，通常在表面無毛或近乎無毛，背面則稀疏散佈白色剛毛或極稀為無毛，有時兩面均無毛；側脈14～16，略隆起，橫小脈明顯，格子狀，葉鞘通常無毛，頂端截形，邊緣通常不具毛，有時（尤於幼時）小枝具細毛，惟迅即脫落；葉舌甚短，近乎缺如。

花：花序變異大，圓錐花序有時不發達而近於穗狀花序，2～4節；小穗少，1～3朵，不具柄，小穗通常狹長，圓筒狀，1.5～2.0公分長，1～2公厘寬，呈拱形；小花7～12朵，鮮明黃色至暗褐色，基部之數朵小花為雄性，頂部者發育不全，中間者為兩性花；花軸短，一邊有溝，近無毛；穎片短，龍骨狀，無毛；內稃於基部者尖形，有光澤，常無毛或具貼生短毛（攝於上部者稀較短，龍骨狀，帶寬翅，頂部長毛緣，8～10脈；鱗被3，細長膜質，基部呈硬結，具多脈，橢圓狀鈍形；子房球果形，頂部有毛，具柄，花柱自近基部即分裂為2～3柱頭，長或於有些小穗較短，為美麗之羽毛狀或有時近膜質而展開。

　　本種不論在生長、竹材之強度及加工性質、耐久性等均極佳，故在南美洲為最重要竹種之一。

功用

可作為建築（全屋）、粒片板、鷹架、竹筏、紙漿、電線桿、籬笆、畜欄、橋樑、水管、地板等之材料。

↑節下方之白色環相當鮮明。

莎簕竹屬

Schizostachyum, Nees in Agrost. Bras. 535. 1829.

模式種：爪哇箟箟竹，*Schizostachyum blumei* Nees。

↑莎簕竹植於標本園區。

別　名	箽簩竹屬（中國竹類彩色圖鑑；中國竹類植物圖志）
分　布	本屬約30～40種，分布於印尼、馬來西亞、越南、泰國、緬甸及非洲幾内亞、馬達加斯加等地。台灣有原生種1種及引進種1種。

形態特徵

　　小喬木、灌木或有時為攀緣狀蔓性竹類。稈細長圓筒形，平滑無毛或微具矽質並貼生微毛；節間長短不一；節平或隆起；稈壁薄；枝條多數叢生。

　　稈籜脫落，革質，硬而脆；籜耳不顯著或缺如；籜舌截狀或不顯著；籜葉線狀披針形、披針形乃至卵狀三角形，直立或反捲。

　　葉片大小不一，平行脈或格子狀；葉耳及葉舌細小或不顯著。

　　花為圓錐花序。小穗細長，1至數個聚生，含有小花1～4；護穎1～2或缺如；外稃較內稃為短；內稃不具龍骨線；子房具柄，平滑無毛；花柱長；柱頭3，羽毛狀；雄蕊6，花絲分離扁平；鱗被通常3，有時缺如。

　　穎果卵形、圓柱形乃至紡錘形，頂端具細長啄狀物，果皮硬而脆。

· 莎簕竹屬之種檢索表

❶稈為攀緣狀蔓性，籜耳、籜舌俱不顯著，籜葉鑿狀或闊線狀披針形 ………莎簕竹
❶稈直立非蔓性，籜耳、籜舌均顯著，籜葉廣三角形 ………烏魯竹

莎籠竹

Schizostachyum diffusum（**Blanco**）**Merrill**, in Amer. Journ. Bot. 3：
62. 1916

別　名	籐竹（台灣植物名彙）
異　名	*Schizostachyum acutiflorum* Munro, in Trans. Linn. Soc. 26：137. 1868 *Schizostachyum blumei* F.-vil Novis. app. 324. 1882, non Nees *Bambusa diffusa* Blanco, in Fl. Philip. 269.1837 *Dinochloa diffusa*（Blanco）Merrill, in Gov. Lab. Publ.（Philip.）29：7. 1905 *Dinochloa major* Pilger, in Perk. Frag. Fl. Philip. 149. 1904
英　名	climbing bamboo
原產地	台灣原生種，分布於菲律賓。
分　布	在台灣的產地主要在南部及東南部之闊葉樹林中，海拔在250~800公尺之間，最高可達海拔1,200公尺。

　　本種為台灣原生種，產於恆春半島天然闊葉樹林中。林業試驗所恆春研究中心轄區高位珊瑚礁自然保護區內有群落。種名diffusum為「擴散」之意，指其稈及枝條向周圍四處攀緣擴展。台灣原生竹種24種之中，即有1種為蔓籐性竹類，顯示台灣竹類資源的歧異度甚高，相當難得。

形態特徵

　稈：攀緣蔓性竹類。稈長可達40公尺，徑0.5~1.5公分；節大，隆起；節間長15~60公分；稈壁厚2~4公厘；枝條多數叢生。

稈籜：稈籜早落性，堅硬革質，披針形，

↑ 莎籠竹的花序。

↑ 莎籠竹的稈籜表面為帶有淡紫的淺綠色。

↑ 莎籬竹植株。

頂端凹入，下部截形，
表面為帶有淡紫色之淺
綠色，密被淺棕色細
毛，邊緣密生黃色細
毛；籜耳不顯著，叢生
剛毛；籜舌不顯著；籜
葉鑿狀或闊線狀披針
形，有時長達20公分。

↑ 莎籬竹的葉片呈長橢圓狀披針形。

葉：葉一簇5~12，長橢圓狀披針形，長10~25公分，寬1.5~2.5公分，
先端尖，基部鈍形，側脈8~10，細脈6~8，平行脈，葉緣密生刺
狀毛；葉柄短；葉耳不顯著，叢生剛毛，幼時為白色，老時變為棕
色；葉舌圓頭狀或近截形，芒齒緣；葉鞘長5~12公分，平滑無毛。

小穗：小穗多數叢生，圓柱形，長1.8~2.5公分，徑2~3公厘；護穎尖卵
形，長1.0公分，全緣；外稃與護穎類似而稍大，長1.4公分，寬6
公厘；內稃大於外稃，長1.9公分，寬6公厘，不具龍骨線；雌蕊長
1.8公分，子房平滑，不具維管束；花柱細長，柱頭3，短而呈羽毛
狀；雄蕊6；花絲細長；花藥長9公厘；鱗被2，大小不一，橢圓狀
披針形，長2.5~6.5公厘，寬1.0~1.5公厘。

果實：穎果倒卵形，徑2~4公厘，無毛，花柱宿
存。

功　用
竹稈可供為手工藝用材。

烏魯竹

Schizostachyum zollingeri **Steud**., in Syn. Pl. Gran 332. 1854

異　名	*Melocanna zollingeri* Kurz ex Munro, in Trans. Linn. Soc. 26：134.1868
原產地	廣泛分布於印尼、蘇門答臘，經馬來西亞，北至泰國南部。
分　布	台灣係於1981年由馬來西亞引進，除林業試驗所的蓮華池、太麻里等研究中心設有與其他7竹種之試驗地外，竹崎鄉、瑞竹及新竹縣等的竹類標本園亦有栽培。

　　本竹種於1981年自馬來西亞引進之後，於林業試驗所蓮華池及太麻里研究中心設有與其他7種新引進竹類進行的造林試驗地。本種竹稈靠近基部之數節間偶爾會出現乳白色的細縱條紋，將它分株栽培之後如果同樣有縱條紋出現，當可增加1新栽培種。

形態特徵

稈：稈直立，梢端彎垂；高5~15公尺，徑2~10公分；節隆起，節間長20~40公分，節間無毛，或於頂部具粗毛；稈壁薄；枝條細長，節上叢生，平展。

稈籜：稈籜長，宿存，淡褐色或於幼時頂部帶紫色，頂端圓形，表面具暗褐色毛；籜耳顯著，先端邊緣具彎曲剛毛；籜舌高至4公厘，全緣或邊緣有疏毛；籜葉直言，廣三角形，先端尖頭，基部略狹窄，幼時邊緣帶紫色，表面具灰色毛。

葉：葉片披針形，先端尖頭，基部楔形，長15~30公分，有時至40公分，寬2~4公分，有時至6.5公分，兩面無毛或有時背面有軟毛，葉緣具刺狀粗毛；葉柄短；葉鞘通常無毛或有時粗糙，邊緣具細毛；葉耳顯

↑ 竹稈基部常有黃色縱條紋。

著，密生細長剛毛；葉舌狹窄。

小穗：小穗甚短，長0.8～1.7公分，每小穗通常4朵小花，基部2朵小花不稔性，第3朵為兩性花，第4朵發育不全；可稔性兩性花之內稃底部有脈，粗糙，革質，頂部短雙龍骨狀，略具短毛；鱗被3，橢圓形，有長毛；子房長，具長而被短軟毛之尖嘴，花柱長，頂端3裂；雄蕊6枚，稀3枚，花藥鈍圓。

竹稈可供作地板、牆壁、竹筏、燃料、編織、小器具及紙漿等之用。

↑烏魯竹單叢形象。

↑竹稈節間長約20～40公分。

↑稈籜具暗褐色毛。

廉序竹屬

Thyrsostachys, Gamble, in Ann. R. Bot. Gard. Calc. 7：58. 1896

模式種：束穗竹（大泰竹），*Thyrsostachys oliveri* Gamble。

↑群植的暹邏竹。

別　　名	泰竹屬（中國竹類植物圖志），束穗竹屬（中國竹類彩色圖鑑）
分　　布	本屬有2種，產於亞洲東南半島，包括緬甸、泰國等地。台灣引進其中之1種。

形態特徵

　　喬木狀，稈直立；節間較短，圓筒形；節隆起或平坦；稈壁厚，近基部者幾乎爲實心；枝條細，初爲3支，以後漸增爲多數叢生，主枝不明顯，無刺。

　　稈籜宿存性，較節間長，質薄而軟；籜耳細小或不顯著；籜舌中部與兩邊隆起而呈波浪狀，全緣，或有時不顯著；籜葉卵狀三角形至長三角形，直立。

　　葉細長，狹長披針形，甚爲美觀；葉耳及肩毛不明顯或缺如；葉舌細小或不明顯。

　　花序爲大圓錐花序，側生。小穗1~3聚生，每小穗含2~3朵小花；苞片2；護穎2；外稃狹卵形；內稃頂端二分叉，具2龍骨線；子房球狀，細小；花柱長；柱頭1~3，羽毛狀；雄蕊6，花絲分離，花藥具鈍尖頭；無鱗被，偶爾1~2枚。

暹邏竹

***Thyrsostachys siamensis*（**Kurz ex Munro**）**Gamble**, in Ann. R. Bot. Gard. Calc. 7：59. Pl. 51. 1896

別　名	掇子竹、南洋竹、柳葉竹、泰國竹（中國竹類彩色圖鑑）；條竹、實心竹（中國竹類植物圖志）；小泰竹（世界竹藤）
異　名	*Bambusa siamensis* Kurz ex Munro, in Trans. Linn. Soc. 26：116. 1868 *Bambusa regia* Thoms. ex Munro, in Trans. Linn. Soc. 26：116. 1868，non Kurz
原產地	原產於緬甸、泰國等地。
分　布	台灣係於1967年自泰國引進種子，培育所得種子苗及其分蘗，在各地竹類標本園內均有栽植。

　　本種係林維治於1967年由泰國帶回種子，經育成苗木後分別栽植於六龜分所的扇平竹類原種園、嘉義埤子頭竹類標本園、台北植物園及瑞竹竹類標本園等地。在泰國常見植於道路邊為「行道竹」，別具一格。又本種耐旱，在泰國主要分布於曼谷西方Kanchanaburi省的乾旱地帶，從該省通達曼谷的公路上，常可看到居民在路邊擺攤子賣竹筍，主要就是本種和馬來麻竹。

形態特徵

　稈：稈高7~13公尺，徑2~6公分；節間長15~30公分，灰綠色，無毛，節下有白環；稈壁厚，近基部者有時為實心或近乎實心；枝條纖細，初時為3支，後則為多數叢生。

　稈籜：稈籜宿存性，初時為綠色，具黃白色至淺綠色縱條紋，老則為灰褐色，質薄而軟，表面密布細毛，邊緣密生軟毛或無毛；籜耳細小近三角形或不顯

↑ 稈籜具黃白色縱條紋。

著；籜舌中間隆起，高2~2.5公厘，無毛；籜葉卵狀三角形至長三角形，先端尖銳，邊緣內捲，直立。

葉：葉一簇4~12枚，狹披針形，先端漸尖，具短尖頭，基部楔形，長7~15公分，寬0.6~1.2公分，表面暗綠，背面密生細毛，側脈3~5，細脈6~7，平行脈；葉緣密生刺狀毛；葉柄短；葉耳不顯著；葉舌截狀，無毛；葉鞘幼時微毛，後則無毛。

花：圓錐花序頂生。小穗1~3聚生；苞片及護穎各2；外稃尖卵形，長約1.2公分，縱脈11~19，表面及邊緣密生細毛；內稃與外稃約等長，先端二分叉，2龍骨脈間縱脈3~5，兩側各1~2；子房扁球形，徑1公厘，平滑，維管束3；花柱長9公厘，柱頭1~3，羽毛狀；雄蕊6，花藥頂端有尾狀突起；無鱗被。

果實：穎果倒圓錐形，長6~8公厘，徑2~3公厘，背部有溝，花柱宿存。

↑ 列狀栽植之暹邏竹。

↑ 葉一簇4～12枚，狹披針形。

←暹邏竹在泰國常栽植為行道樹。

功 用

竹材可供為建築、家具、農
具、籬笆、釣竿、工藝用材
以及造紙原料。竹稈挺拔直
立,竹葉細小而美觀,在泰
國植為行道樹;竹筍可供食
用。

←暹邏竹的新筍。

莖稈走出合軸叢生型竹類

（以刊載本書內各屬所含竹種為準，以下各型均同）

↑ 玉山矢竹之生育型態。

梨果竹屬

Melocanna, Trinius in Sprengel, Neue Entd. ii. 43. 1821

模式種：梨果竹，*Melocanna baccifera* Kurz。

別名	梨竹屬（中國竹類植物圖志、世界竹藤）

稈直立，節間長，節隆起，枝條多數叢生。

稈籜宿存，革質，堅硬；通常籜耳及籜舌均不顯著；籜葉甚長。

葉片長而闊；葉耳不顯著或細小；葉舌顯著；葉脈格子狀。

花為穗狀圓錐花序；小穗2～3聚生；具可稔性小花1朵及不稔性小花1～多朵；苞片2；護穎2；外稃與護穎相似；內稃不具龍骨線；雌蕊之子房發達，平滑；花柱細長；柱頭2～4，羽毛狀，反捲；雄蕊5～7，花絲分離或不規則癒合；鱗被2。

果實甚大，梨形或卵形，先端尖如長啄狀，果皮厚。

William Munro氏（1868）認為本屬有5種；J. S. Gamble氏（1896）則認為只有1種是確定種、有1種尚未確定（imperfect identification），而W. Munro氏所述之另外4種經被改隸後，1種屬於蓬萊竹屬（*Bambusa*）、1種屬於頭穗竹屬（*Cephalostachyum*）、2種屬於莎簕竹屬（*Schizostachyum*）。林維治氏（1976）認為有2種，台灣引進其中之1種。

梨果竹

Melocanna baccifera（**Roxb.**）**Kurz**, in Prelim. Rep. For. Veg. Pegu App. B. 94. 1875.

別　名	梨竹（中國竹類植物圖志、世界竹藤）
異　名	*Melocanna bambusoides* Trin., in Spreng., Neue Entdeck 2：43. 1821 *Bambusa baccifera Roxb.,* in Hort. Beng. 25. 1814 *Beesha baccifera* Reom.et Sch. in Syst. Veg. 1336 *Beesha Rheedei* Kunth, 'Notice sur le genere Bambusa' in Journ. de Phys. 1822 *Nastus baccifera*（Roxb.）Roxb. ex Rasp., in Ann. Sci. Nat. Ser. 1：422. 1825
英　名	muli
原產地	原產於印度、孟加拉及緬甸。
分　布	台灣係於1960年由美國引進，林業試驗所曾於中埔研究中心的潛水設有造林試驗地，目前僅各地竹類標本園有栽植。

　　梨果竹原產印度、孟加拉及緬甸等地，台灣係於民國49年（1960）8月由美國引進種子苗，由林業試驗所六龜分所繁殖，並以竹材優良爲竹工藝編織的優良材料而予以推廣。

　　看到梨果竹這名字，大家一定會想像它的「果」是什麼樣子，其實它是竹類的果實中，唯一的「大果」，而且是漿果，但是大也沒有大到一般所見的梨那麼大，形狀也因頂端有尾狀彎曲的宿存柱頭，所以不是很像梨。過去第一次看到果實時，有些學者認爲不是眞正的果實，而是零餘子（propagule，或稱肉芽fleshy bud），如果您不相信可以切開看縱剖面，裡面白色圓球狀的東西就是胚珠。

　　此外，還有一件相當奇特的事，它的開花年齡從1863年有正式記錄至2008年，幾乎都是間隔48年開花1次，您說神奇不神奇？2008年它已開過花，且看看下次開花是不是2056年？

←梨果竹的竹筍，示筍籜的特徵。

↑ 梨果竹林林相。

形態特徵

稈：稈高10~20公尺，徑
5~9公分，表面平滑；
節間長36~70公分；節
隆起；稈壁薄；枝條多
數叢生。

稈籜：稈籜宿存，革質，堅硬
而脆，幼時黃綠色，老
則變爲黃色，被白色貼
生毛；頂部凹入，呈雙
峰狀；籜耳細小；籜舌
不顯著；籜葉闊線狀披
針形或闊線形，有時長
達25公分，先端尖銳，
反捲。

葉：葉一簇5~15枚，橢圓
狀披針形，長18~42公

↑ 梨果竹的葉呈橢圓狀披針形。

分，寬2~9公分，先端尖，基部楔形，略呈偏斜狀，側脈8~15，細
脈5~6，格子狀；葉柄長；葉耳不顯著；葉舌顯著，圓頭狀，芒齒
緣；葉鞘平滑無毛。

小穗：小穗2~4叢生，每小穗
含5~6朵小花；苞片2；
護穎2；外稃與護穎類
似；內稃不具龍骨線；
雌蕊子房卵形；花柱
細長，柱頭2~4，羽毛
狀，反捲；雄蕊5~7；
花絲扁平；花藥黃色；
鱗被2，長卵形，上端
毛緣。

果實：果實梨狀或卵形，為漿
果，長7.5~12.5公分，
徑5~7公分，柱頭宿
存，反捲，果皮厚。

↑梨果竹開花株。

↑梨果竹的每小穗含5~6朵小花。

←梨果竹的雌蕊，顯示具有
雌蕊先熟（protogynous）
現象。

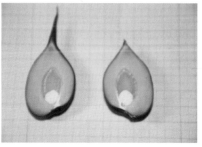

↑ 以為是掉落地上的果實，原來是剛萌發1年生新生的「小娃娃」也一樣開花結果，負荷不了重擔而平躺地上。

↑ 發芽後第35天的種子苗，苗高85公分。

↑ 梨果竹的果實（也是種子）縱剖面，中間空洞有時充滿汁液，空洞下面乳白色顆粒狀者為胚珠。

←大小不同果實「垂懸欲滴」的樣子，懸掛在小穗軸上。

功　用

竹材優良，能抗白蟻，為搭蓋屋頂及隔牆之用材；又竹材富彈性，韌性佳，容易劈篾，為編織工藝之最佳材料；竹材纖維細長，故亦為製造高級紙張的原料。

奧克蘭竹屬
Ochlandra, Thwaites

模式種：*Ochlandra stridula* Twait.。

別　名	群蕊竹屬（世界竹籐）

形態特徵

　　灌木狀、群聚性、蘆葦模樣的竹類。稈直立，細小，稈壁薄，節間甚長；枝條多數叢生。

　　稈籜薄革質，宿存性或脫落；籜耳細小或不顯著；籜舌狹細；籜葉闊線形或線狀披針形，先端尖。

　　葉片大小不一，平行脈或格子狀；葉耳不顯著或細小；葉舌通常細小；葉鞘有毛或平滑無毛。

　　花為穗狀花序或穗狀圓錐花序；小穗多數聚生，每小穗含有完全花1朵；護穎2~5；外稃與護穎類似，惟稍大；內稃無龍骨線；子房長卵形，花柱長，柱頭4~6，羽毛狀；雄蕊多數，6~120，可能為竹類中最多者；花絲分離或為單體雄蕊，突出；花藥狹長，通常具尖凸；鱗被1~12或更多。

　　果實甚大，尖卵形或橄欖形，屬於漿果，果皮厚。

　　本屬約有13種，分布於馬達加斯加、印度、錫蘭及馬來半島。台灣引進1種。

奧克蘭竹

Ochlandra capitata（Kunth）**E. G. Camus**, in Les Bamb. 183. pl. 99. 1913

別　名	奧克蘭脫竹（世界竹藤）
異　名	*Bambusa capitata* Trin., in Mem. Acad. Petersb. Ser. 5：144. 1839 *Nastus capitatus* Kunth, in Rev. Gram. 1：325. 1830
原產地	原產於馬達加斯加。
分　布	1972年由馬達加斯加引進台灣。林業試驗所中埔研究中心原設於埤子頭之竹類原種園內所栽植者，是全台灣唯一種苗供應區，現因改建為植物園，該區亦隨而消失，十分可惜。目前竹類標本園中栽植而成活者，僅瑞竹竹類標本園一處，其他各地園區尚有待努力加強培育。

　　本竹種整體看起來彷彿具有女性特有的柔和感。枝條多數而纖細，葉片也是有令人說不出的舒適感，竹稈「柔軟」到你用手重壓就會凹陷的程度，因此為具有優良加工性質的竹種。

形態特徵

稈：稈高3~10公尺，徑2~10公分，表面平滑無毛；節間長10~30公分；節略隆起；稈壁薄；枝條多數叢生。

稈籜：稈籜脫落，革質，堅硬而脆，表面密布棕色細毛，頂部截形，全緣；籜耳近於不顯著，兩旁生有細毛；籜舌狹細；籜葉鑿形或闊線狀披針形，先端尖。

↑ 奧克蘭竹露出地面的直立型地下莖和伸長的莖脛。

葉：葉一簇5～13枚，闊線狀披針形，長7～20公分，寬1.0～2.0公分，表面深綠色，背面密生細毛；先端尖銳，基部楔形或略呈斜狀；主脈在背面凸起，側脈4～6，細脈7；葉緣有一邊疏生刺狀毛，另一邊則密生；葉柄短；葉耳不顯著；葉舌細小；葉鞘薄，平滑無毛。

小穗：小穗長卵形乃至圓錐形，每小穗含小花1朵；護穎多枚；外稃尖卵形，先端具芒刺，邊緣上部有毛；內稃較外稃狹細；柱頭3羽毛狀；雄蕊6；鱗被3。

果實：穎果橢圓形，長1.5公分，柱頭宿存。

功 用

本種稈壁薄，材質緻密，為製造樂器之優良竹種，亦可用為工藝品之材料。

↑ 奧克蘭竹的枝條細而且多數簇生。

↑ 奧克蘭竹的葉片呈闊線狀披針形。

↑ 觀察奧克蘭竹竹稈基部，即可了解其為散生而非叢生。

高山矢竹屬
Yushania, Keng f.

模式種：玉山矢竹，*Yushania niitakayamensis* Keng f.。

↑乍看像是一大片的草生地，實際上是玉山矢竹的大群落，因為氣候條件苛刻，只能長成矮小、看起來像草一樣的矮竹。

別　名	玉山竹屬（中國竹類植物圖志、中國竹類彩色圖鑑、竹的種類及栽培利用）

形態特徵

灌木狀小型竹類。稈直立，節間短；節隆起；枝條多數叢生。

稈籜革質，堅硬；籜耳及籜舌顯著；籜葉鑿形乃至闊線形。

葉為狹披針形，先端尖銳，葉脈格子狀；葉耳細小或不顯著；葉舌顯著；葉柄短。

花頂生，圓錐花序；小穗數個聚生；護穎2；外稃卵形乃至卵狀披針形；內稃具龍骨線；雌蕊子房發達，平滑無毛；花柱短；柱頭2，羽毛狀；雄蕊3；鱗被3。

穎果橄欖狀，背部有溝，果皮厚。

本屬約有30餘種，分布亞洲、非洲及中美洲高山地帶。台灣原生種1種。

玉山矢竹

Yushania niitakayamensis（**Hayata**）**Keng f.**, in Acta Phytotax. Sin. 6：357. 1957

別　名	玉山箭竹（台灣植物名彙）；玉山竹（中國竹類植物圖志、中國竹類彩色圖鑑、竹的種類及栽培利用、世界竹藤）
異　名	*Arundinaria niitakayamensis* Hayata, in Bot. Mag. Tokyo 2：49. 1907 *Sasa niitakayamensis*（Hayata）Camus, in Les Bamb. 24. 1913 *Arundinaria oiwakensis* Hayata, in Icon. Pl. Form. 6：137. f. 48. 1916 *Indocalamus niitakayamensis*（Hayata）Nakai, in Journ. Arnold Arb. 6：148. 1925 *Pleioblastus niitakayamensis*（Hayata）Ohki, in Bot. Mag. Tokyo 43：202. 1929 *Pleioblastus oiwakensis*（Hayata）Ohki, I. C. *Indocalamus oiwakensis*（Hayata）Nakai, in Rika Kyo-Iku 15：67. 1932 *Sinarundinaria niitakayamensis*（Hayata）Keng f., in Nat. For. Bur. China Tech. Bull. 8：14. 1948 *Pseudosasa oiwakensis*（Hayata）Makino & Nemoto, in Fl. Jap. ed. 2. 1389. 1931
英　名	Yushan cane
原產地	台灣原生種。
分　布	中國之四川、雲南等省，以及菲律賓呂宋島北部的高海拔地帶亦有分布。台灣主要分布於中央山脈及其支脈海拔1,400公尺以上山地，其上層無林木遮蔽之地如合歡山，形態矮化而如草原狀，在有林木為其上層或在峽谷旁之低窪處則可正常生育。

　　玉山矢竹為台灣原生種中，分布海拔最高的竹種。種名*niitakayamensis*是「新高山」的日語發音。雖然有關機關並沒有正式調查、統計，但是依照目前情況來判斷，在台灣現有的竹林資源之中，分布面積最廣大者可能即為本種。當您站在中部橫貫公路南線（埔里至大禹嶺段）、台灣公路最高點的武嶺附近向四周觀望，您可以發現所有山峰的山頂以下，到有台灣冷杉（*Abies kawakamii* Ito）等高山樹種出現的地方為止，一大片黃綠色看似草原的景象，您知道那片「草原」的主角是誰嗎？就是玉山矢竹，也有人稱玉山箭竹。實際上那些台灣冷杉林的林床上也是長滿玉山矢竹，由此可以推想，台灣自海拔1400公尺（台灣北部的下限，在棲蘭林區）

↑ 玉山矢竹的葉片呈狹披針形。

以上的天然針、闊葉混合林，到針葉樹純林再到樹木限界的上方地帶，其中有50%就是本竹種。

功 用

竹材供製工藝品，或為蔬菜園之瓜豆支柱。竹筍可供食用，在台灣俗稱「箭筍」中之一種。

形態特徵

稈：稈高1~4公尺，徑0.5~2.0公分；節間長10~30公分，表面粗糙；節顯著隆起；枝條多數叢生，頂梢下垂。

稈籜：稈籜革質，粗糙，灰褐色，密布黃色細毛，邊緣密生軟毛；籜耳細小，上端叢生棕色短剛毛；籜舌截狀；籜葉闊線形，先端尖銳，全緣。

葉：葉一簇3~10枚，狹披針形，長4~18公分，寬0.5~1.3公分，先端尖銳，基部楔形，側脈3~4，細脈7~9，格子狀；葉緣有一邊密生刺狀毛，另一邊則疏生；葉柄短，長1~2公厘；葉耳不顯著，上端叢生剛毛；葉舌圓頭或截形；葉鞘長2.5~5.0公分，邊緣微毛。

小穗：小穗長2~4公分，每小穗含有小花2~7朵；護穎2，長4.0~5.5公厘，縱脈3~7；外稃尖卵狀披針形，長8~12公厘，縱脈7~9；內稃長8~9公厘，二龍骨線間縱脈2，兩側各2，龍骨線上密生細毛；子房瓶狀，長2.5~4.5公厘，徑1公厘，不具維管束；花柱2，短；柱頭2或罕有3，羽毛狀；雄蕊3；花絲細長；花藥闊線形，長8公厘；鱗被3，倒卵形，長1.2~1.8公厘，上端有毛。

果實：穎果略似橄欖狀，背部有溝，頂端微凸，果皮厚。

↑ 在上層林木庇護下的玉山矢竹。

↓ 陽明山國家公園的包籜矢竹於1999年開始開花，褐色斑塊處即為開花中之群落，後來擴大至全面。

地下莖橫走側出合軸叢生型

（以刊載本書內各屬所含竹種為準，以下各型均同）

地下莖橫走側出，合軸叢生型竹類檢索表	❶ 稈籜宿存性	❷ 枝條通常每節1支，稀2~3支	❸ 節明顯隆起，籜通常較節間為短，肩毛發達或缺如	❹ 稈通常斜上而不直立，肩毛與稈成直角，具粗糙感 ……… 赤竹屬
				❹ 稈直立，肩毛基部粗糙，其餘平滑 ……… 東笆竹屬
			❸ 節不隆起而平坦，籜至少在稈基部較節間長，肩毛平滑，但通常發育不良 ……… 箭竹屬	
		❷ 各節枝條多數，肩毛平滑	❸ 籜硬革質，長留稈上，籜葉發達而大 ……… 苦竹屬	
			❸ 籜薄紙質而柔軟，通常在1年之內腐朽，籜葉小，秋季發筍 ……… 寒竹屬	
	❶ 稈籜早落性	❷ 葉鞘顯著	❸ 稈籜不完全脫落，乾後仍暫時存於節間基部之中央，附著而下垂 ……… 業平竹屬	
			❸ 稈籜完全脫落 ……… 唐竹屬	
		❷ 葉鞘不發達 ……… 崗姬竹屬		

寒竹屬
Chimonobambusa. Makino

模式種：寒竹，*Chimonobambusa marmorea* Makino。

↑寒竹的小群落，攝於京都洛西竹林公園。（由渡邊政俊博士提供）

別名	方竹屬（中國竹類彩色圖鑑、竹的種類及栽培利用）四方竹屬（竹的種類及栽培利用）

形態特徵

灌木狀小型竹類。稈直立；節間短；節隆起；枝條2~5叢生。

稈籜薄，厚紙質或薄革質；籜耳及籜舌細小或不顯著；籜葉有或缺如。

葉披針形或線狀披針形，葉脈平行或格子狀，葉緣具刺狀毛。

花側生，圓錐花序或總狀花序，小穗叢生於枝節；護穎2；外稃尖卵形；內稃具龍骨線；子房發達，尖卵形乃至棒狀，平滑；花柱短；柱頭2，羽毛狀；雄蕊3；鱗被3。

穎果圓筒形，先端尖。

本屬約有15種，分布於印度、緬甸、越南、中國及日本。台灣引進栽培3種，其中1種四方竹（*Chimonobambusa quadrangularis*）之地下莖發育模式屬第四類型，在此僅先列出其他2種。

· 寒竹屬之種檢索表

❶稈高至6公尺，為四方柱形，節上環生疣狀短刺，籜耳、籜舌均缺如，籜葉細小不明顯 ········ 四方竹		
❶稈高至3公尺，為圓筒形，基部節上環生短刺狀氣根，籜耳、籜舌、籜葉不明顯或缺如	❷稈節間無毛，帶紫色，葉薄紙質，兩面無毛 ········ 寒竹	
	❷稈幼時為淡黃色，有時具綠色縱條紋，冬天變紅色，大部分葉片具乳白色縱條紋 ········ 小寒竹	

寒竹

Chimonobambusa marmorea Makino, in Bot. Mag. Tokyo 28：154. 1914

別　名	刺竹（中國竹類植物圖志）
異　名	_Bambusa marmorea_ Mitf., in Bamb. Gard. 93, 1896 _Arundinaria marmorea_（Mitf.）Makino, in Bot. Mag. Tokyo 14：63, 1900 _Arundinaria matsumurae_ Hackel in Bull. Herb. Boiss. 7：716, 1899
日　名	寒竹（音kan-chiku）
原產地	原產地在日本及中國。
分　布	台灣曾於1981年由美國引進，似未成活；1991年第二次由日本引進，最近似乎也有園藝業者引進，惟目前僅見於林業試驗所之扇平竹類原種園及竹山鎮之青竹竹藝園區。

　　本屬竹種是溫帶型竹類，在台灣平地生長似難適應。曾引進兩次，分別是在1981年引進自美國，及1991年引進自日本，其乃為極少數會於秋季發筍的竹類。

形態特徵

稈：稈一般高度為2～3公尺，有時可達5公尺，直徑1.0～1.5公分；節稍隆起，近基部之節繞有短刺狀氣根，節間無毛，長8～15公分，帶紫色，有光澤；自秋至多之間出筍，新筍當年不抽枝條，翌年抽出枝葉完成生長。

稈籜：稈籜紙質，柔軟，宿存或遲落性，淡褐色

→攝於京都洛西竹林公園（由渡邊政俊博士提供）。

↑ 寒竹的小群落。

具紫褐色斑紋，初時基部背面有黃褐色剛毛，邊緣具細毛；籜耳及籜舌缺如或不顯著；籜葉極小或缺如，錐形或芒刺狀，無肩毛。

葉：葉一簇3~4枚，著生小枝先端，狹披針形，薄紙質，基部鈍形，具短柄，先端尾狀銳尖頭，長5~19公分，寬0.5~1.6公分，兩面無毛；葉鞘無毛，多脈，肩毛柔曲，平滑；葉舌極低矮，無法由外面辨識。

花：花序為總狀花序；小穗線形，長2~4公分，帶紫之綠色；護穎0~3枚；每小穗含小花4~7朵，其中頂端之小花通常為雄花；外稃薄紙質，綠色略帶紫色，卵狀披針形，銳尖頭，無毛，長6~7公厘，5~7脈，格子狀；內稃與外稃殆同長或略短，橢圓狀披針形，先端截形或具2凸起，背側具2龍骨線，龍骨線上無毛，龍骨間及其兩側各具2脈；子房狹卵形，花柱短，分裂成2枚羽毛狀柱頭；雄蕊3枚，花藥線狀，長3.5~4公厘，黃色；穎果圓柱狀長橢圓形，長6公厘，紫色。

功 用

主供觀賞。竹稈可用做柄材或瓜棚等之材料。筍味美，可供食用。

小寒竹

Chimonobambusa marmorea Makino, 'Variegata'

別　名	稚兒寒竹、紅寒竹、朱竹（原色日本園藝竹笹總圖說），稚子寒竹
異　名	*Chimonobambusa marmorea* Makino, f. *Variegata*（Makino）Ohwi, in Fl. Jap. 75, 1953 *Arundinaria marmorea* Makino var. *variegata* Makino, in Bot. Mag. Tokyo 14：63, 1900 *Chimonobambusa marmorea* Makino var. *variegata* Makino, in Bot. Mag. Tokyo 28：154, 1914
日　名	稚兒(子)寒竹（音chigo-kan-chiku）
原產地	原產日本。
分　布	台灣係於1992年自日本引進，現在各地栽培已甚為普遍，其來源應係購自種苗商。

　　日本人比較喜歡以本變異種盆栽供欣賞，他們稱其為「稚子（兒）寒竹」（chi-go-kan-chiku）或是「紅寒」（beni-kan），叫「紅寒」乃緣由於日本在冬天時，將小寒竹曝曬於陽光下，其竹稈會轉為紅色而非常漂亮之故。

形態特徵

　　為寒竹的變異品種，主要差別在本品種之有些葉片具白色條紋，稈初

↑ 小寒竹的盆栽。葉片上有乳白色至淡黃色條紋，小巧玲瓏，相當可愛。

↑ 小寒竹植株。

時為淡黃色，有時會出現綠色縱條紋，冬天受陽光直射會變成鮮紅色，因此日本自古以「紅寒」之名稱之，並以盆栽觀賞。

↑ 小寒竹葉片常有白色條紋。

苦竹屬

Pleioblastus, Nakai（竹的種類及栽培利用，中國竹類彩色圖鑑）

模式種：大明竹，*Pleioblastus gramineus* Nakai。

別　名	大明竹屬（中國竹類植物圖志）川竹屬（竹的種類及栽培利用）

形態特徵

　　小喬木或灌木狀之中小型竹類。稈節間圓筒形，有枝條分枝之節間基部略扁平，每節具多芽，枝條3~7支，節略隆起。

　　稈籜宿存或遲落性；籜耳發達或缺如；籜舌通常爲截形；籜葉錐形至披針形，直立或反轉。

　　葉一簇3~5枚，披針形，先端尖銳，具橫小脈；葉耳發達或缺如；葉舌截形。

　　花序多數側生；小穗綠色細長；護穎2~5；外稃披針形，近革質，具縱脈；內稃具2龍骨線，先端鈍圓或銳尖；鱗被3，後方一枚特長；雌蕊花柱1，柱頭3，羽毛狀。穎果爲歪曲之卵形或尖卵形，長

7~13公厘，徑2~3.5公厘，熟時橙黃色。

　　本屬分布於亞洲東部，以日本最多，其種類數依分類學者看法不同而異。溫太輝等（1993）認爲有30餘種；陳嶸（1984）認爲有70餘種；鈴木貞雄（1978）整理日本之本屬竹種就有43種；Ohrnberger & Goerrings（1983~1987）認爲有26種。*Pleioblastus* 屬係日本植物學家中井猛之進（T. Nakai）於1925年由青籬竹屬（*Arundinaria*）分出之新屬，以台灣之本屬竹種而言，均曾以 *Arundinaria* 及 *Pleioblastus* 爲屬名，而自1974年之後，屬名全部改用 *Arundinaria*。惟視之中國及日本之近代文獻，都是採用

Pleioblastus，且據Ohrnberger & Goerrings（1983~1987）之說法，認為*Arundinaria*屬僅有1種，產於北美洲，可見將這些種歸於*Pleioblastus*乃是最新的趨勢，因此本文亦統一採用*Pleioblastus*。

·苦竹屬之種檢索表

❶稈籜有毛	❷稈高1~6公尺，稈節間平滑無毛	❸稈籜表面密生長毛，頗粗糙；葉廣線形而細長，長10~18公分，寬0.5~0.7公分 ……… 琉球矢竹
		❸稈籜表面密生棕色細毛，幼時基部常呈淡紅褐色；葉披針狀橢圓形，長10~25公分，寬2.0~3.5公分 ……… 包籜矢竹
	❷稈高通常在0.5公尺以下，稈籜逆生細毛	❸葉初生時為黃白色，具綠色縱條紋，老後為灰綠色 ……… 禿笹
		❸葉初生時全部為黃色，無綠色縱條紋，後轉灰綠色 ……… 黃金禿笹
❶稈籜無毛	❷稈高通常1~7公尺	❸稈籜全緣，平滑無毛；葉軟革質，先端下垂尖尾狀，稍有扭曲 ……… 大明竹
		❸稈籜邊緣疏生棕色細毛	❹稈節無毛；葉狹披針形或闊線狀披針形，稍革質，斜立而不下垂 ……… 邢氏苦竹
			❹稈節有毛；葉狹披針形或闊線形，薄紙質，先端下垂 ……… 空心苦竹
		❹稈籜邊緣密生棕色軟毛；葉橢圓形，質厚 ……… 台灣矢竹
	❷稈高通常在2公尺以下	❸葉兩面無毛；稈高0.2~0.4公尺，籜耳、籜舌缺如，葉緊密排成2列，披針形，長3~7公分，寬0.3~0.8公分，紙狀皮質，略硬 ……… 翠竹
		❸葉兩面有毛或有時表面無毛，稈高0.2~2.0公尺	❹稈高0.2~1.2公尺；葉狹長披針形，紙質，表面密生細毛，裡面密生軟毛，具白色或黃色縱條紋 ……… 稚子竹
			❹稈高1~2公尺；葉披針形，紙質，表面細毛或密生短毛，裡面密生軟毛，具白色至乳白色縱條紋 ……… 上田笹

大明竹

Pleioblastus gramineus（Bean）**Nakai**, in Journ. Arnold Arb. 6：146. 1925

別　名	通絲竹、大妨竹、青葉竹、四季竹、四時竹（台灣竹亞科植物之分類）
異　名	*Arundinaria hindsii* Munro var. *graminea* Bean, in Gard. Chron. 15：238. 1894 *Arundinaria graminea*（Bean）Makino, in Bot. Mag. Tokyo 26：18. 1912 *Thamnocalamus hindsii*（Munro）Camus var. *gramineus*（Bean）Camus, in Les Bamb. 53. 1913
日　名	大明竹（音tai-min-chiku）
原產地	原產於日本沖繩縣（即琉球）。
分　布	台灣係於1964年由日本京都大學引進，現各地竹類標本園均有栽植。

↑ 大明竹的葉基呈楔形。

↓ 大明竹的稈籜。

　　本種原產地在沖繩群島，全株光滑無毛，葉片略革質，先端下垂，稍有扭曲的樣子。普遍栽植於日本關東以西的溫暖地帶，其竹筍可供食用。

形態特徵

稈：稈高3～5公尺，徑0.2～2.0公分，表面平滑無毛；節間長10～30公分；節明顯隆起；枝條多數叢生。

稈籜：稈籜幼時綠色，頂端略帶淡紫色，疏生細毛或平滑，邊緣密生軟毛；籜耳不顯著；籜舌突出；籜葉線形或闊線形，先端尖，無毛。

葉：葉一簇5～11枚，狹披針形或闊線形，長10～30公分，寬0.5～1.7公分，先端尖銳，基部楔形，側脈2～4，細脈5，格子狀；葉柄短，長1～2公厘；葉耳不顯著；葉舌突出，圓頭狀，鋸齒緣；葉鞘長2.5～4.0公分，表面近於無毛。

> **功用**
> 竹材可作為工藝品或蔬果瓜豆類之支柱。竹筍可供食用。

↑ 標本園區中的大明竹。

小穗：小穗長4~8公分，徑5公厘，每小穗含小花3~10枚；護穎2，卵狀披針形，長10~15公厘，寬1.5~2.5公厘，縱脈5~11，全緣；外稃長8~12公厘，寬3.5~5.0公厘，縱脈11，全緣；內稃長7~10公厘，先端2分叉，龍骨線間縱脈2，兩側各2，龍骨線上密生細毛；雌蕊長4.5公厘，子房似瓶狀，長2公厘，無毛，具維管束3；花柱短；柱頭3，羽毛狀；雄蕊3；花絲細長；花藥黃色，長6.5公厘；鱗被3，卵狀橢圓形，長2.5公厘，邊緣有毛。

果實：果實紡錘形，長7~8公厘，褐色。

↑ 大明竹的每個小穗含有小花3~10枚。　↑ 大明竹之枝、稈及小穗。

邢氏苦竹

Pleioblastus hindsii（Munro**）Nakai**, in Journ. Arnold Arb. 6：146. 1925

別 名	寒山竹、四時竹（台灣竹亞科植物之分類），瀝竹、慧竹、笛竹、四季竹（竹的種類及栽培利用）
異 名	_Arundinaria hindsii_ Munro, in Trans. Linn. Soc. 26：31. 1868 _Thamnocalamus hindsii_（Munro）Camus, in Les Bamb. 52. 1913 _Bambusa erecta_ Hort. ex Bean, in Trees & Shrubs Brit. Isl. 216. 191
英 名	ramrod bamboo
日 名	寒山竹（晉kan-zan-chiku）
原產地	原產中國東南各省沿海地區。
分 布	台灣係於1909年自日本引進，各地竹類標本園均有栽培。

　　本種原產於中國南部各省，在日本關東以西地區有栽植，其形態與原產於日本的空心苦竹相似，但本種葉片直立，而空心苦竹的葉片則稍軟性且先端下垂。日本人稱本種為寒山竹（kan-zan-chiku），敏感的人可能會聯想到名詩中的「寒山寺」，其實兩者一點關聯也沒有。

形態特徵

稈：稈高2~5公尺，徑1~3公分，深綠色，有光澤；節間長20~30公分；節明顯隆起；枝條3~5支叢生。

稈籜：稈籜宿存，革質，堅硬，表面平滑無毛，全緣；籜耳細小，近於不顯著；籜舌狹細；籜葉闊線形，先端尖銳，無毛。

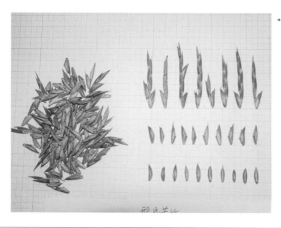

←邢氏苦竹的果穗（右上列，整個果穗的一部分）、穎果（左）、種子（右下2列）。所示果穗之最下方突起者即種子，值此粒種子成熟時，該支果穗即由該種子著生處斷掉而脫落，就像照片所示的樣子，如果該粒種子上方還有種子，則此第二粒種子勢必會尚未成熟而隨之掉落。竹子開花後結實通常不多，理應令其成熟而後掉落，以增加傳宗接代的機會，為何會如此不盡情理？實在令人想不透。

葉：葉一簇4~10枚，狹披針形或闊線
狀披針形，綠色，長6~25公分，
寬0.4~1.7公分，先端尖銳，基部
楔形，側脈3~5，細脈6~7，格
子狀；葉柄長3~5公厘；葉耳細
小，頂端叢生剛毛；葉舌突出，
圓頭狀，芒齒緣；葉鞘長3~5公
分，平滑無毛。

小穗：小穗長5~10公分，徑3~4公厘，
每小穗含小花7~15枚；護穎2，
橢圓狀披針形，長1.2~1.4公
分，寬3~5公厘，縱脈9；外稃
卵狀橢圓形，長0.9~1.7公分，
寬4.0~7.5公厘，縱脈13；內稃長
0.7~1.5公分，寬4~7公厘，頂端
二叉，龍骨線間縱脈3，兩側各
3，龍骨線上密生細毛；雌蕊子
房圓柱形，無毛，具維管束2；
花柱1，短；柱頭3，羽毛狀；
雄蕊3；花絲線形；花藥長7.5公
厘；鱗被3，倒卵形，長3~4公
厘，寬1.2~1.5公厘，邊緣有毛。

↑邢氏苦竹竹稈的節明顯隆起。

←邢氏苦竹之開花。

功　用
竹稈可供為工藝用
材。筍可供食用。竹
株供觀賞。

台灣矢竹

Pleioblastus kunishii（**Hayata**）**Ohki**, in Tokyo Bot. Mag. 42：581. 1928

別　名	通絲竹、大妍竹、青葉竹、四季竹、四時竹（台灣竹亞科科植物之分類）
異　名	*Arundinaria kunishii* Hayata, in Icon. Pl. Form. 6：136. f. 47. 1916 *Pseudosasa kunishii*（Hayata）Makino & Nemoto, in Fl. Jap. ed. 2. 1389. 1931 *Sinarundinaria kunishii*（Hayata）Kanehira & Matsusima, in Trans. Nat. His. Soc. Form. 29：25. 1939 *Sinobambusa kunishii*（Hayata）Nakai, in Rika Kyo-Iku 15：77. 1932
英　名	Kunishi cane
原產地	台灣原生種。
分　布	北起台北，南迄恆春半島，海拔80～1200公尺之地區均見零星分布，通常是混生於闊葉樹林內自成群叢。

　　一般植物分類學者將本種沿用日本學者早期的分法，而隸屬於唐竹屬，即：其學名為*Sinobambusa kunishii*（Hayata）Nakai，並認為分布於陽明山國家公園內者，即為本種。1985~1986年間，林業試驗所森林生物系承辦「陽明山國家公園台灣矢竹生態之調查研究」計畫，其中一位執行同仁林則桐先生核對標本與原文記載（Hayata，1916）後的結果，發現應為包籜矢竹之誤。同時也認為其稈籜有早落現象，其實乃由於竹稈上部的稈籜因枝條萌發受到擠壓而脫落，而竹稈下部無枝條的萌發處其稈籜仍存，所以不應列入稈籜早落的唐竹屬中，乃將之回歸原本由B. Hayata（早田文藏）命名的*Arundinaria*屬。惟根據Ohrnberger & Goerrings（1990）認為全世界*Arundinaria*屬僅1種且產於美國，近代日本、中國學者亦多將本屬竹類改隸屬*Pleioblastus*，故改其學名如上。

→台灣矢竹之小群叢。

↑ 台灣矢竹的葉片相較於其他竹種要來得厚些。

↑ 台灣矢竹的竹稈可利用於製作筆桿、煙管等。

形態特徵

稈：稈高1~5公尺，徑0.5~1.5公分，深綠色，有光澤，堅硬；節顯著隆起，節間長12~36公分；稈基部之節上環生氣根；枝條單一，或在上部為1~3支束生。

稈籜：稈籜宿存，無毛，邊緣密生棕色軟毛；籜耳不顯著，疏生棕色剛毛；籜舌截形，棕色；籜葉鑿形或線狀披針形。

葉：葉一簇2~6枚，有時多達12枚，質厚，橢圓形，長10~30公分，寬1.4~4.0公分，先端尖銳，基部鈍形，側脈5~9，細脈7~9，格子狀；葉柄長2~5公厘；葉耳不顯著，叢生棕色剛毛；葉舌凸出，半圓狀，芒齒緣；葉鞘長4~8公分，平滑無毛，邊緣有毛。

↑ 台灣矢竹葉片呈橢圓形。

功用

竹材可作為工藝用；竹筍為通稱「箭筍」中之一種，但食用似不普遍。

琉球矢竹

Pleioblastus linearis（Hackel）**Nakai**, in Journ. Arnold Arb. 6：146.1925

別　名	仰葉竹、沖繩竹（台灣竹亞科植物之分類）
異　名	*Arundinaria linearis* Hackel, in Bull. Herb. Boiss. 7：721. 1899
英　名	linear-leaf bamboo
日　名	沖繩竹（音oki-nawa-chiku）、琉球竹（音ryu-kyu-chiku）

　　從名字就可知道原產於琉球群島，也就是沖繩群島。在琉球本島北部的山原（yan-baru）天然林中，以及在石垣島屬於琉球最高的於茂登岳（Mt. O-mo-to）等地都有分布。其中於茂登山的群落於1994年開花，當年恰好是台灣省林業試驗所與沖繩縣林業試驗場合作研究的第3年，筆者等3人應邀前往沖繩，趁到石垣島之便，冒雨登上另一處集團開花的前嵩山（mae-take-yama）一看究竟，結果花已謝，但是仍然能在地上找到天然下種的種子苗，因此筆者乃挖取10株左右小心帶回並培育，結果還是全軍覆沒，至為遺憾。

↑ 琉球矢竹的花為總狀花序（攝於沖繩縣石垣島於茂登岳o-mo-to-dake，由沖繩縣深石隆司氏提供）。

形態特徵

稈：稈高1~5公尺，徑0.5~1.5公分，表面光滑；節顯著隆起，節間長
10~30公分；枝條1~多數叢生。

稈籜：稈籜薄革質，表面密生長毛，幼時綠色帶淡紫色，邊緣密生棕色
毛，老即脫落；籜耳不顯著；籜舌顯著，凸出，截形；籜葉闊線
形，先端尖，無毛，直立。

葉：葉一簇5~9枚，闊線狀披針形，長6~28公分，寬0.5~1.0公分，先
端尖銳，基部楔形，兩面無毛，側脈1~4，細脈5，格子狀；葉緣有
一邊密生刺狀毛，另一邊則為全緣或疏生；葉柄短，長2公厘；葉
耳不顯著；葉舌極顯著，高1.5~4.0公厘，圓頭狀，毛緣；葉鞘平滑
無毛。

花：花為總狀花序；每1小穗含3~9朵小花，其上部者通常為不孕花；護
穎2，披針形，長5公厘，縱脈3；外稃卵狀披針形，長7~12公厘，
縱脈11~15；內稃11公厘長，頂端二分叉，龍骨線之間縱脈3，兩側
各3，龍骨線上密生細毛；子房倒卵形，長1公厘，具維管束3；花
柱短；柱頭3，羽毛狀；雄蕊3；花絲短；花藥闊線形，長7.5公厘；
鱗被長3公厘，邊緣有毛。

↑ 琉球矢竹的葉呈闊線狀披針形。

↑ 琉球矢竹於1993年全面開花（攝
於沖繩縣石垣島於茂登岳o-mo-to-
dake，由深石隆司氏提供）。

翠竹
Pleioblastus distichus Muroi et H. Okamura,

別　名	無毛翠竹、日本綠竹（中國竹類植物圖志）
異　名	_Pleioblastus pygmaeus_（Miq.）Nakai var. _distichus_（Mitford）Nakai, in Journ. Jap. Bot.10：207. 1934 _Bambusa pygmaea_（non Miq.）Matumura, in Shokubutu Mei-I, 44. 1895 _Bambusa disticha_ Mitford, in Bamb. Gard. 183. 1896 _Sasa pygmaea_（Miq.）E.G. Camus var. _disticha_（Mitf.）C.S. Chao et G..G. Tang
日　名	於呂島竹（日音O-ro-shima-chiku）
原產地	產日本，廣泛栽植供觀賞。
分　布	台灣係於1991年自日本鹿兒島林業試驗場引進，目前似己有園藝種苗商引進販售。

　　全株只能以小巧玲瓏來形容，植株矮小、葉片也細小，眞不愧爲世界最小竹子之一。日本常將翠竹種植於大型庭園、或是公園植栽區的地面作爲覆蓋之用，整體上頗爲美觀且又不必費工拔草，可謂一舉兩得。

↑筆者由日本鹿兒島林業試驗場引進之翠竹盆栽，現已移至扇平竹類原種園。

　　鈴木貞雄（1978）將本種列爲毛翠竹（_Pleioblastus pygmaeus_（Miquel）Nakai）的變種，另外將高度在2公尺左右者定名大翠竹（大於呂島竹，f. _ramosissimus_（Nakai）Suzuki）。一般作爲盆栽使用者多爲翠竹本種。

形態特徵

稈：小型竹類；稈高20~40公分，徑1~2公厘；節間無毛，節通常無毛，惟有時有短毛；每節分枝1支，直伸。

稈籜：稈籜短於節間，無毛，邊緣具褐色毛；籜耳缺如；籜葉卵狀三角形。

↑ 翠竹之群叢。

葉：葉一簇4～14枚，葉片小，紙狀皮質，略硬而挺直，緊密排成兩列，
　　翠綠色，披針形，長3～7公分，寬3～8公厘，兩面均無毛；葉耳缺
　　如，具白色長肩毛。

　　本種可列為最小型竹類之一，玲瓏可愛，適宜於盆栽觀賞，也是園區
地面覆蓋的優良栽植材料。

↑ 翠竹是全世界最小竹種之一。

稚子竹

Pleioblastus fortunei（**Houtte**）**Nakai**, in Journ. Jap. Bot. 9（4）：232. 1933

別　名	縞竹（台灣竹亞科植物之分類），稚子笹（日音chigo-zasa）
異　名	*Arundinaria variegata*（Siebold）Makino, in Bot. Mag. Tokyo 26：111. 1912 *Bambusa fortunei* V. Houtte, in Fl. de Serres, vol. 15. 1863 *Arundinaria variabilis* Riv. var. fortunei（V. Houtte）H. de Lehaie, in Mitteil. Deutsch, Dendr. Gesells 16：226. 1907 *Arundinaria fortunei*（V. Houtte）Riviere, in Bull. Soc. Acclim. ser 3（5）：897. 1878 *Bambusa variegata* Siebold ex Miquel, in Ann. Mus. Bot. Lugd. Bat. 2：285. 1866 *Sasa variegata*（Sieb.）Camus, in Les Bamb. 21. 1913 *Pseudosasa variegata*（Sieb.）Nakai, in Journ. Arnold Arb. 6：150. 1925 *Pleioblastus variegatus*（Sieb.）Makino, in Journ. Jap. Bot.3：11 -12，1926
英　名	dwarf white stripe bambo
日　名	稚子笹（音chi-go-zasa）
原產地	原產日本（一說不詳）。
分　布	自古以來世界各地普遍栽培，台灣係由日本引進，年代不詳。

　　本種也是小型竹種之一，但葉片顯然較翠竹為大，然而因葉片有乳白至黃白色縱條紋，覆蓋在地面上看起來景致更勝一籌。本種也是頗受寵愛的盆栽材料，植成附石盆景更是一絕。「原色日本園藝竹笹總圖說」（1991）認為本變異種是由毛根笹（ke-ne-zasa，*Pleioblastus fortunei* f. *pubescens* Muroi）所產生的變異。

形態特徵

稈：稈高30~120公分，徑0.2~0.6公分；節間短，長1~3公分；節隆起；枝條纖細，單1，有時2。

稈籜：稈籜薄，紙質，表面乳白色具綠色條紋；籜耳顯著，細小，邊緣有剛毛；籜舌顯著，芒齒緣；籜葉尖卵形或狹三角形，先端尖銳。

葉：葉一簇3~13枚，披針形，長3~14公分，寬0.4~1.3公分，葉面暗綠色，間有黃白色條紋，側脈3~5，細脈7，格子狀，表面及背面密布細毛；葉柄短；葉耳顯著，上端叢生剛毛；葉舌半圓狀，芒齒緣；葉鞘平滑無毛，邊緣有毛。

↑ 稚子竹的群落在夕陽光照下呈現一片紅色。

小穗：小穗闊線形，含有多數小花，花軸密生細毛。

　　　本種為珍貴觀賞竹種，盆栽尤為珍貴。

↑ 在植物園竹區中，和崗姬竹相鄰栽植（前方為稚子竹，崗姬竹較高，在後方）。

↑ 稚子竹的葉呈披針形，間有白色條紋。

空心苦竹

Pleioblastus simonii（**Carr.**）**Nakai**, in Journ. Arnold Arb. 6：147. 1925

別　名	女竹、皮竹、苦竹、川竹、水苦竹（台灣竹亞科植物之分類）
異　名	*Arundinaria simonii*（Carriere）A. & C. Riviere, in Bull. Soc. Acclim. 3 ser 5：774. 1878 *Bambusa simonii* Carriere, in Rev. Hort. 37：380. 1866 *Nipponocalamus* simonii（Carr.）Nakai, in J. Jap. Bot. 18：364, 1942
英　名	Simon bamboo
日　名	女竹（音me-dake）
原產地	產日本及中國浙江。
分　布	台灣係於1964年自日本引進，各地竹類標本園均有栽培。

↑ 空心苦竹之開花株。

　　在日本天然分布於本州、四國、九州、對馬等地，多生於河岸或海邊。在本州中部一帶，則常與根笹【ne-zasa，*Pleioblastus chino* Makino var. *viridis*（Makino）S. Suzuki（鈴木貞雄，1978）；另據「原色日本園藝竹笹總圖說」，則記學名為 *Pleioblastus distichus* f. *nezasa* Muroi et H. Okamura】及東根笹（azuma-ne-zasa，*Pleioblastus chino* Makino）混生。以現在的眼光看多生於河岸似是自然分布所致，但如果回顧歷史，很可能是約500年前德川家康時代（1603～）為了治山防洪而種植的遺跡（上田，1985）。

形態特徵

稈：稈高3～7公尺，徑1.3～3.0公分，綠色，平滑無毛；節隆起明顯，環生白色粉末；節間長8～30公分；枝條2～9叢生。

稈籜：稈籜宿存，幼時表面綠色，無毛，邊緣疏生細毛，老即脫落；籜耳細小或近於不顯著；葉舌顯著，截形，高2公厘；籜葉闊線形，先端尖，全緣，反捲。

葉：葉一簇5～9枚，狹披針形或闊線形，長10～30公分，寬1.0～3.0公分，先端尖，側脈3～9，細脈5～7，格子狀；葉緣有一邊密生刺狀

↑ 空心苦竹之群叢。

毛，另一邊則疏生；葉柄短；葉耳上端幼時生有白色剛毛；葉舌顯著突出，舌狀，毛緣；葉鞘無毛。

小穗：小穗長3~8公分，每小穗含有小花4~9朵；護穎1或2，長9~13公厘，縱脈5~11；外稃長10~18公厘，縱脈9~13，頂部具毛緣；內稃長9~11公厘，先端二分叉，龍骨線間縱脈2~4，兩側各2，龍骨線上密生細毛；子房如瓶狀，長6~10公厘，無毛，具維管束3；花柱短；柱頭3，羽毛狀；雄蕊3，花絲長10公厘；花藥黃色，長9~11公厘；鱗被3，長2.5~4.0公厘，邊緣有毛。

果實：穎果圓筒狀橢圓形，暗褐色，長12~13公厘，徑3.0~3.5公厘，背部有溝，先端略尖，基部斜圓狀。

功 用
竹材柔軟具彈性，可供為編織、製造工藝品、扇柄及釣竿等之用材。

↑ 空心苦竹之稈和稈籜。

↑ 空心苦竹的葉片呈狹披針形或闊線型。

上田笹

Pleioblastus shibuyanus Makino, ' Tsuboi'

別　名	坪井澀谷笹（原色日本園藝竹笹總圖說）
異　名	_Pleioblastus shibuyanus_ Makino f._Tsuboi_ （Makino）Muroi _Pleioblastus distichus_（Mitf.）Muroi et H. Okamura var. _flaber_ f. _Tsuboi_ Muroi
日　名	上田笹（音Ue-da-zasa）
原產地	產於日本本州之中、南部，四國及九州。
分　布	台灣係於近十年間由園藝種苗商引進，主要供為觀賞，栽培似尚未普遍。

　　本變異種是於1905年9月，由日本著名的植物學家牧野富太郎所發現，並加以記載，但發現時之9月正值白色條紋不甚明顯的時期，因而被當做是根笹的葉片具細小白色條紋的變異種。

形態特徵

　　本種為澀谷笹（_Pleioblastus sibuyanus_ Makino，日名音shibu-ya-zasa）之變異品種，所變異之特徵為：葉部具白色條紋。其原種之形態如下：

　　稈：稈高1~2公尺；稈籜、葉鞘、節、節間等均無毛；至中、上部始分
　　　　枝。

↑上田笹的葉片為披針型叢。

葉：葉片為披針形，紙質，長17~21公分，寬2~3公分；基部圓形，先端略尖，表面稍有細毛或密生短毛，有時無毛，背面則密生軟毛；有時無毛，背面則密生軟毛；肩毛白色，平滑。

本變異種之葉片上白色條紋，主要出現於主脈之兩側，葉緣也會出現多數白條紋，當年生新稈之葉上白條紋在夏季尤其鮮明。

↑ 上田笹之小群叢。

↓ 上田笹之盆栽。

包籜矢竹

Pleioblastus usawai（**Hayata**）**Ohki,** in Bot. Mag. Tokyo 42：520.
1928

別　名	矢竹仔、包籜箭竹（台灣竹亞科植物之分類）
異　名	*Pseudosasa usawai*（Hayata）Makino & Nemoto, in Fl. Jap. Ed. 2. 1390. 1931 *Arundinaria usawai* Hayata, in Icon. Pl. Form. 6：138. 1916 *Pseudosasa japonica*（Sieb. et Zucc.）Makino var. *usawai*（Hayata）Muroi, in New Keys Jap. Trees 470. 1961
英　名	Usawa cane
原產地	台灣原生種。
分　布	分布於北部、中部及東部海拔300~1200公尺地帶，其中以陽明山至竹仔湖一帶、花蓮縣光復鄉之太巴塱有較大面積之群落。

　　本種最早由早田文藏於1916年發表爲新種時，定學名爲*Arundinaria usawai* Hayata，後經牧野（Makino）及根本（Nemoto）兩氏共同改隸於箭竹屬（或矢竹屬），改名爲*Pseudosasa usawai*（Hay.）Makino et Nemoto，後來經林業試驗所林則桐（1986）以陽明山國家公園內向來被認爲是台灣矢竹的竹株標本，與早田氏發表的原文記載（Hayata，1916）核對，發現兩者特徵相符，同時亦因該矢竹每節枝條多數，而認爲不應屬於每節僅生1支枝條的箭竹屬，乃認定陽明山國家公園大面積分布的矢竹實爲包籜矢竹，並將學名改回原來的學名，再經筆者根據最近新的趨勢，改隸爲*Pleioblastus*屬。

形態特徵

　稈：稈高2~6公尺，徑
　　　1.0~2.5公分；節間長
　　　20~35公分，節隆起；
　　　枝條1~3支，束生。

稈籜：稈籜脫落或不脫落，革
　　　質，幼時表面淡綠色帶
　　　有紫紅色，尤其以筍

↑包籜矢竹的果穗（一部分）和種子。

之基部爲然，密布棕色細毛，同樣以下部較多，邊緣無毛；籜耳顯著，細小，上端生有剛毛；籜舌截形，先端尖。

葉：葉一簇1~3枚，披針狀橢圓形，長
　　10~25公分，寬2.0~3.5公分，先
　　端尖，基部尖楔形，側脈7~9，細
　　脈7，葉脈格子狀，全緣；葉柄長
　　0.7~1.0公分；葉耳不顯著；葉舌突
　　出，圓頭狀，毛緣；葉鞘平滑無毛。

小穗：小穗細長，稍扁平，長3~7公分，寬
　　5~7公厘。

果實：穎果為彎曲之尖卵形，熟時為黃色至
　　橙黃色，長5~8公厘，徑約5公厘。

　　竹材供製器具及工藝品，亦為竹籬之材
料。竹筍為一般通稱「箭筍」中最常被食用
的一種，近年來成為餐桌上的佳餚，有人栽
培專供採筍。

↑ 包籜矢竹林相。

←包籜矢竹竹筍為俗稱「箭竹筍」中之一，但可說是
　最常被食用的一種。

↑ 陽明山國家公園之包籜矢竹於1999年開始開
　花。

↑ 示包籜矢竹竹稈。

禿笹

Pleioblastus viridistriatus（Sieb.）**Makino**, in Journ. Jap. Bot. 3：
11.1926

異　名	*Bambusa viridi-striata* Sieb. ex Andre, in Illus. Hort. 19：319. 1872 *Arundinaria variabilis* var. *vridi-striata* Makino, in Bot. Mag. Tokyo 14：63. 1900 *Arundinaria variegata* var. *viridi-striata*（Sieb.）Makino, in Bot. Mag. Tokyo 26：15. 1912
日　名	禿笹（音kamuro-zasa）

　　與翠竹、稚子竹同屬小型竹類，高度不超過50公分，適用於庭園、公園等步道以外地區（植栽範圍）的栽植。原產地不明。

形態特徵

稈：稈高20~40公分，徑1~2公厘；單稈或多少有分枝，全株密布倒生天鵝絨狀毛。

葉：葉披針形，薄紙質，長15~20公分，寬1.5~2.5公分，基部圓形，先端稍突尖或漸尖，表面密生細毛，背面則密生軟毛，葉片常為黃金色底帶多數綠色條紋，甚為美觀，後則逐漸變為綠色；肩毛直立。

　　本種在系統上屬於山禿笹（*Pleioblastus viridistriatus*（Sieb.）Makino form. *vagans*（Gamble）Muroi）之變異體，然因在山禿笹尚未被研究定名前，本變異種即已廣被栽培而先被命名，保持野生而全株為綠色的山禿笹反成為其型（forma）。

　　本種於1991、1992年兩次自日本引進，栽植於林業試驗所六龜研究中心之扇平竹類原種園內。近年來似亦有園藝種苗商引進。

↑ 禿笹之群落。

功用

主要供為觀賞或為園區地面覆蓋植栽之用。

黃金禿笹

Pleioblastus viridistriatus（Sieb）Makino, ' Chrysophyllus'.

異 名	*Pleioblastus viridistriatus*（Sieb.）Makino form. ' chrysophyllus' Makino in Journ. Jap. Bot. 3：23. 1926 *Arundinaria viridistriata* Makino f. *chrysophylla*（Makino）Nemoto, in Fl. Jap. Suppl. 862.1936
日 名	黃金禿笹（音oo-gon-kamuro-zasa）

　　雖說是禿笹的變異種，按照其變異特性，即葉片沒有綠色而全部為黃色的景象看來，比其原種還要亮麗許多，只可惜很難固定，換句話說就是黃色很容易消失而恢復為原種。就因為如此，如果栽植區內沒有黃色葉片出現，也不能怪它「不實在」。現在在台灣的植株，是筆者最近親自由日本帶回，且是由日本著名的「富士竹類植物園」所提供，等栽培成功數量較多之後，再來與同好分享。

形態特徵

　　本種為禿笹之葉片全部為黃色而無綠色之變異品種，但其特性甚難固定。

　　本種係由園藝種苗商自日本引進。初次發現是1988年前後，在新竹縣某種苗商的園區道路邊坡，栽植供展示兼用邊坡保護。2002年再度前往卻已換成他種，以為剛引進即從台灣消失，2004年第三次前往時又出現，姑且介紹於此，俾供參考。

功用
主供觀賞，亦可用以覆蓋園區地面。

箭竹屬
Pseudosasa, Makino ex Nakai

模式種：日本矢竹，*Pseudosasa japonica* Makino。

別 名	茶稈竹屬、青籬竹屬（竹的種類及栽培利用） 矢竹屬（中國竹類植物圖志）

形態特徵

　　稈直立；節間短；節隆起；枝條單一，有時在梢部為2～3支。

　　稈籜宿存，革質，硬而脆；籜耳不顯著；籜舌顯著，突出；籜葉鑿形或線狀披針形。

　　葉橢圓狀披針形；葉耳幼時顯著；葉舌顯著；葉脈格子狀。

　　花頂生，圓錐花序，每小穗含有數朵小花；護穎2；外稃大於內稃；內稃具龍骨線；雌蕊子房棒狀；花柱短；柱頭3，羽毛狀；雄蕊3，有時4；鱗被3。

　　穎果尖卵形，先端略尖。

　　本屬竹類主產東亞，分布中國、朝鮮及日本，全屬8種（林維治，1976）或22種（溫太輝，1993），台灣自日本引進1種。

日本矢竹

Pseudosasa japonica（**Sieb. & Zucc.**）**Makino**, in Journ. Jap. Bot. 2：15. 1920

別　名	矢竹、箭竹（台灣竹亞科植物之分類）
異　名	*Arundinaria japonica* Sieb. et Zucc. ex Steudel, in Syn. Pl. Gram. 334.1855 *Bambusa japonica*（Sieb. et Zucc.）Nicholson, in Illus. Dict. Gard. 1：118 *Sasa japonica*（Sieb. et Zucc.）Makino, in Bot. Mag. Tokyo 26：13. f. 2. 1912 *Yadakea japonica*（Sieb. et Zucc.）Makino, in Journ. Jap. Bot. 6：16. 1929
英　名	arrow bamboo
日　名	矢竹（音ya-dake）
原產地	原產日本。
分　布	1964年由日本京都大學引進。各地竹類標本園內均有栽植。

　　本種在日本天然分布的地區，是以屋久島為首的九州南部離島。自1,200年前的年代起，利用在日用品、武器、神事等場合就極為普遍，奈良的正倉院可看到很多寶物是利用本種竹子作成，有時在一些古老的宅第或是古城跡地附近有較大的群落，除了提供給武士們作為弓箭材料之外，可能還有其他廣泛的用途所致。

形態特徵

稈：稈高2~5公尺，徑0.5~1.5公分，表面平滑；節隆起；節間長15~30公分；枝條單一。

稈籜：稈籜表面幼時疏生細毛，全緣；籜耳不顯著；籜舌狹細；籜葉鑿形或線狀披針形，先端尖。

葉：葉一簇5~9枚，橢圓狀披針形，長8~30公分，寬1.0~4.5公分，先端尖，基部楔形，側脈3~7，細脈7，格子狀；葉柄長2~5公厘；葉耳不顯著；葉舌突出；葉鞘平滑無毛。

小穗：小穗長1.5~4.5公分，徑3~4公厘，每小穗含2~7朵小花；護穎；外稃尖卵形，長1.3公分，縱脈17~23；內

↑ 日本矢竹的開花枝。

↑ 日本矢竹之小群落。

稃短於外稃，長1.1公分，龍骨線間縱脈4，兩側各2~3，龍骨線上密生細毛；雌蕊長5~7公厘；子房如瓶狀，平滑，具維管束4；花柱1，短；柱頭3，羽毛狀；雄蕊3~4；花絲長7~10公厘；花藥長6公厘，頂端二分叉；鱗被3，長3~4公厘，邊緣有毛。

果實：穎果橄欖形，暗棕色，有光澤，長1.1公分，徑3.5公厘，先端略尖。

← 日本矢竹的開花枝、小穗和小花。

功 用

竹稈供為工藝用材，可製造團扇、花瓶、釣竿及其他玩具等。

赤竹屬

Sasa, Makino et Shibata

模式種：白邊竹，*Sasa veitchii* Rehder（隈笹，日音kuma-zasa）。

形態特徵

屬於本屬之竹類均爲灌木狀細小竹類。

稈直立，節隆起或略隆起；枝條單一，直立而貼稈。

稈籜宿存，紙質，具直立之白色絹毛或無毛；籜耳與肩毛均缺如；籜葉近錐形，直立或開展。

葉較他種竹類寬而長，先端尖，掌狀排生於枝端，革質或紙質，有短葉柄與葉鞘相連接；葉中肋在背面隆起，側脈多數，並有小橫脈相連而呈格子狀；葉鞘具葉耳及肩毛或缺如。

花序爲稀疏圓錐花序；小穗具小柄及有節之小軸，常呈紫色，略被細毛或白粉；每小穗含4~13朵小花，狹長而稍扁平；花兩性，惟小穗頂生之1朵爲單性；護穎2，形大，惟大小不等，膜質；外稃較護穎爲大，紙質或膜質，末端稍尖銳，多脈，有毛，邊緣纖毛；內稃較外稃稍短或稍長，有顯著2龍骨線，膜質，先端2裂；鱗被3；子房無毛，花柱短，頂部柱頭3裂，較花柱長，羽毛狀。

穎果長橢圓形，背面有縱溝，成熟後稍露出稃外。

本屬種類甚多，曾在日本發表過的就近500種，經鈴木貞雄氏於1978年整理爲41種。產中國溫帶及日本，台灣引進1種。

樫田笹

Sasa shimiduana Makino subsp. *kashidensis*（**Makino et Koizumi**）
S. Suzuki, in Hikobia 8：63. 1977

別　名	霧島小篶（日音：kiri-shima-ko-suzu）
異　名	*Sasa kirishimensis* Koizumi, in Acta Phytotax. Geobot. 7：254. 1938 *Sasa kashidensis* Makino et Koizumi, in Acta Phytotax. Geobot. 3：23. 1934
日　名	樫田笹（音kashi-da-zasa）
原產地	產於日本本州中部至西南部之太平洋沿岸、四國及九州，標準產地在京都南桑田郡笹田村。
分　布	台灣係於1991及1992年兩次由日本鹿兒島縣林業試驗場引進，目前栽植於林業試驗所六龜研究中心的扇平竹類原種園內。

　　本種是筆者擔任林業試驗所森林生物系主任時，由鹿兒島林業試驗場引進。鈴木貞雄（1978）將*Sasa kashidensis* var. *diabolica* Koiz.、*Sasa kirisimensis* Koiz.、*Sasa tsukubanantaicola* Koiz.及 *Sasa tenryuriparia* Koiz.等4種歸併爲*Sasa shimiduana* Makino 的亞種（subspecies，簡寫subsp.）。上列4學名中，第2個學名即爲本種當時引進的學名。

形態特徵

　稈：稈矮小而細，高30~70公分，徑2~3公厘；自基部或至上方分枝；節通常密生長毛，稀無毛；節間具逆向細毛或無毛。

稈籜：稈籜密生長毛，宿存性。

　葉：葉片著生於稈及枝條之先端，一簇2~5枚，長橢圓狀披針形，長17~20公分，寬2.5~3.5公分，紙質，先端稍爲突尖，基部圓形；表面無毛，背面疏生軟毛；肩毛放射狀，有時缺如。

　　主供觀賞，經修剪可爲優良之地面覆蓋植物。

　　本種初由日本引進時，名稱爲「霧島小篶」，學名爲*Sasa kirishimensis*，經查鈴木貞雄（1978）之文獻，認爲係樫田笹之矮小型亞種（subspecies），原學名即成爲樫田笹的異名。

←樫田笹之盆栽。筆者由日本鹿兒島林試場引進。

東笆竹屬

Sasaella, Makino（原色日本園藝竹笹總圖說）

模式種： *Sasaella ramosa* Makino。

形態特徵

屬於中型至小型之竹類。稈直立，高1.5~3.0公尺，徑4~8公厘；枝條由稈之中部至上部分出，每節1~3支；節上環明顯隆起，無毛或稀被長毛；節間稍長，無毛或略具逆生細毛。

稈籜宿存，緊密包捲稈部，革質，較節間短，無毛或有毛；籜葉披針形乃至卵形。籜耳在基部有微毛而粗澀，餘則平滑。

葉片於稈或枝條先端呈羽毛狀或掌狀著生，一簇5~8枚，紙質或紙狀革質，披針形乃至橢圓狀披針形，先端極尖銳，無毛或有毛；葉鞘革質，無毛或有毛；葉耳極發達或缺如，基部具微毛而有粗糙感，餘則平滑；葉舌頂部截形或為圓形。

花序為圓錐花序；小穗狹披針形，由2枚護穎及5~10枚小花形成；2枚護穎略不等形，披針形至卵形，銳尖頭；外稃卵形，銳尖頭，多脈，由小橫脈形成格子狀；內稃背面有溝；鱗被3，卵形，薄質透明，邊緣有毛；子房卵形；花柱極短，隨即3裂為羽毛狀柱頭；雄蕊6枚，花絲絲狀；花藥線形，黃色。

全屬有13種，均特產日本。台灣引進1種。

黃紋椎谷笹

Sasaella glabra（Nakai）Nakai ex Koiz., ‘**Aureostriata**’

異　名	*Sasaella glabra*（Nakai）Nakai ex Koiz. f. *aureostriata* Muroi（原色日本園藝竹笹總圖說）
日　名	黃縞椎谷笹（音ki-jima-shii-ya-zasa）

　　本變異種據說是由室井綽於1962年在石川縣大聖寺發現，之後根據田中幸男於1973年調查的結果，在大聖寺車站西南方1.5公里縣界附近有超過100平方公尺以上的群落，高度在1.0~1.8公尺左右且生長頗為旺盛。

形態特徵

　　為椎谷笹（*Sasaella glabra*（Nakai）Nakai ex Koiz. 日名音shii-ya-zasa）之葉部具黃色條紋之變異品種。其原種之形態如下：

稈：稈高1.0~1.8公尺，徑4~8公厘；枝條每節單1，稈、枝均無毛或具細毛。

葉：葉片長10~20公分，寬2~3公分，披針形至長橢圓狀披針形，無毛；葉耳不發達。

小穗：小穗帶紫色，狹披針形，長4~5公分，扁平。

　　變異種葉片具黃色條紋，每葉約5~6條，新開幼葉通常無條紋，至6月中旬始會出現，至夏季末，除最頂部之1枚葉片外，其餘各葉的斑紋愈見鮮明。

→黃紋椎谷笹之盆栽。

↑ 黃紋椎谷笹之小群落。

　　本變異種係近年由園藝種苗商引進，名錄中稱爲「斑葉稚谷竹」，就日名而言，顯然爲「椎谷竹」之誤。又椎谷笹的斑葉品種另有白縞椎谷笹（*Saasaella glabra* form. *albo-striata* Muroi），白縞即白紋之意，因此不能光稱「斑葉」而仍應以黃紋、白紋來區別較爲適當。台灣園藝種苗商即以「稚谷竹」，或以自創之「黃金竹」之名販售，並不正當。

　　鈴木貞雄（1978）將日本所產約100餘種經發表爲*Sasaella*屬之竹種，加以整理爲13種、8變種、8型，本變異種之原種即被歸併於栗生笹（*Sasaella masamuneana*（Makino）Hatsushima et Muroi）而爲其異名，且無此變異種之敘述，對本變異種之學名及其特徵之記述，僅出現於室井和岡村（1977）及岡村（1991），在此即以該2文獻之學名及敘述爲準。

業平竹屬
Semiarundinaria, Makino

模式種：業平竹，*Semarundinaria fastuosa* Makino。

↑業平竹的小群落。

別　名	南豐竹屬（竹的種類及栽培利用）

形態特徵

稈直立，圓筒形；節間短；節隆起；枝條3支乃至多數叢生。

稈籜革質；籜耳細小；籜舌顯著；籜葉鑿形乃至線狀披針形，先端尖。

葉一簇3~7枚，披針形乃至橢圓狀披針形，葉脈格子狀，葉緣具刺狀毛；葉柄短；葉耳及葉舌細小或不顯著。

總狀花序，側生；小穗3~4個著生於枝節，具外苞片；護穎2；外稃卵狀披針形或尖卵形；內稃具龍骨線；子房卵形至圓球形，平滑無毛，具維管束3；花柱長；柱頭3，羽毛狀；雄蕊3；花絲短；鱗被3。

本屬約有20種，分布日本、中國及越南。台灣引進1種

業平竹

Semiarundinaria fastuosa（**Mitford**）**Makino**, in Journ. Jap. Bot. 2：8. 1912

異 名	*Bambusa fastuosa* Mitford, in Bamb. Gard. 105. 1896 *Arundinaria fastuosa*（Mitford）Makino, in Bot. Mag. Tokyo 26：19. 1912 *Arundinaria narihira*（Sieb.）Makino, in Bot. Mag. Tokyo 14：63. 1900
英 名	narihira bamboo
日 名	業平竹（音nari-hira-dake）
原產地	原產日本及中國，日本及歐美各國栽培頗盛。
分 布	台灣係於1964年由日本京都大學引進，各地竹類標本園均有栽培。

　　在台灣現有竹類中，葉片又細又長，以長寬比值而言，可能是最大的1種。原產於日本，在島根、山口、南九州有野生狀態的群落，但真正原產地到底是在何處仍屬不明，目前在關東以西廣為栽培。

↑業平竹之葉片呈橢圓狀披針形。

↑業平竹的竹稈。

形態特徵

稈：稈高3～10公尺，徑1～4公分；節間長10～30公分；節隆起顯著，節
　　下環生白色粉末；初年枝條3支，2年後增至7～8支，叢生。

稈籜：稈籜革質，表面綠色，基部密生淡棕色細毛，邊緣無毛；籜耳近於
　　　不顯著，無毛；籜舌截形；籜葉直立，鑿狀乃至線狀披針形，先端
　　　尖，平滑無毛，全緣。

葉：葉一簇3～7枚，橢圓狀披針形，長8～13公分，寬1.5～2.5公分，無
　　毛，側脈6～8，細脈5～6，格子狀；葉緣具刺狀毛；葉柄短；葉耳
　　不顯著，無毛；葉舌顯著；葉鞘基部微毛。

小穗：小穗長5～10公分，每小穗含3～4朵小花，基部具外苞片；護穎2；
　　　外稃橢圓狀披針形，長1.5～1.7公分，縱脈7～11；內稃長0.8～1.5公
　　　分，龍骨線間縱脈2，龍骨線上密生細毛；子房圓柱形，平滑，長4
　　　公厘；花柱長約3公厘；柱頭3，羽毛狀；雄蕊3；花絲長1.0公分；
　　　花藥黃色；鱗被3，倒卵形，長約5公厘，邊緣微毛。

←葉平竹稈高可達3～10
公尺。

功用
竹材可供製工藝品；
竹葉纖細美麗，為優
良觀賞竹種。

崗姬竹屬
Shibataea, Makino ex Nakai

模式種：崗姬竹，*Shibataea kumasasa* Makino。

↑ 新竹萌發中的崗姬竹。

| 別　名 | 倭竹屬（中國竹類彩色圖鑑、中國竹類植物圖志）
小竹屬（竹的種類及栽培利用） |

形態特徵

　　灌木狀小型竹類。稈纖細，略彎曲，高2公尺以下，徑細小，有枝條之一邊呈扁平；節顯著隆起；節間短；枝條2~6支叢生。

　　稈籜脫落，薄紙質；籜耳及籜舌細小或不顯著；籜葉線形。

　　葉1~3枚著生於短枝上，卵狀披針形乃至尖卵狀，葉脈格子狀，葉緣刺狀毛；葉柄短；葉耳細小或不顯著；葉舌突出。

　　花序側生；小穗1~多數聚生於枝節；護穎2；外稃及內稃膜質；先端尖銳；子房發達；柱頭3，羽毛狀；雄蕊3；鱗被3。

　　穎果圓筒形，長7公厘，徑4公厘。

　　原產日本1種及中國5種，共6種。台灣自日本引進1種

↓ 石垣與崗姬竹的搭配。

崗姬竹

Shibataea kumazasa（Zollinger）**Makino**, in Bot. Mag. Tokyo 28：
22. 1914

別　名	五葉竹、日本矮竹（台灣竹亞科植物之分類）；矮竹（竹的種類及栽培利用）
異　名	*Bambusa kumasasa* Zolliinger, in Syst. Verz. Ind. Arch. Jap. 1：57. 1854 *Bambusa kumasaca* Zoll. Herb. no.29 ex Steudel, in Syn. Pl. Gram. 1：331. 1855 *Bambusa ruscifolia* Siebold ex Munro, in Trans. Linn. Soc. 26：157. 1868 *Shibataea kumasaca*（Zoll.）Nakai, in Journ. Jap. Bot. 9：83. 1933 *Shibataea ruscifolia*（Sieb.）Makino, in Bot. Mag. Tokyo 26：236. 1912 *Phyllostachys kumasasa*（Zoll.）Munro, in Trans. Linn. Soc. 26：39. 1868 *Phyllostachys ruscifolia*（Sieb.）Nicholson apud Peitzer, in Mitt. Deutsch. Dendr. Gesells. 14：57. 1905
日　名	崗姬笹（音oka-me-zasa）
原產地	原產日本。

　　本種於早期即由日本引進，到底是何年何月已無從可考。初期在台北植物園博愛路大門不遠處的圓環全面栽植，甚具特色，尤其是春季新竹萌發時，一大片黃綠色的新葉相當亮眼。林業試驗所六龜研究中心的扇平工作站自慶堂前，原亦有一圓環栽植區，後來改植在新建會館後面斜坡面上，是一片相當成功的栽植，可惜的是卻被2009年的「八八水災」沖失。

形態特徵

稈：稈纖細，略彎曲，高20~100公分，徑2~5公厘，表面深綠，無毛；節間長3~10公分，有枝條之一邊扁平；節隆起極顯著；枝條細而短，2~6支叢生。

稈籜：稈籜脫落，薄紙質，半透明，幼時黃綠色帶紫色，老則變爲灰黃色，邊緣有白色軟毛；籜耳細小或不顯著；籜舌不顯著；籜葉線形。

葉：每小枝著生1枚葉片，有時2~3枚，卵狀橢圓形或卵狀披針形，長5~10公分，寬1.2~2.5公分，先端尖，基部圓形，表面暗綠，背面微毛，側脈5~7，細脈10，格子狀；葉緣密生刺狀毛；葉柄長5公厘；葉耳不顯著；葉舌突出，毛緣。

花：短的穗狀花序，側生；小穗1~多數聚生枝節，每小穗含2朵小花；

↑ 崗姬竹於日治時期引進，目前各地竹類標本園均有栽植。

護穎2，卵狀披針形；外稃薄膜質，先端尖銳，長1.8公分；內稃披
針形，長1.5公分，先端尖銳；子房長圓柱形；花柱3，細長，有
毛；柱頭3，羽毛狀；雄蕊3，花絲長；花藥黃色，長8~10公厘；鱗
被3，倒卵形，薄膜質，透明，上端疏生細毛。

果實：穎果長圓筒形，長7公厘，徑4公厘。

↑ 植株形態優美，適於盆栽觀賞，經修剪50公
　分以下，春夏之交萌發新竹時很好看。

→ 葉呈橢圓形或卵狀披針形。

功　用

竹材及地下莖均極細小，然而材質堅韌，可供
為工藝用材。

唐竹屬

Sinobambusa, Makino in Journ. Jap. Bot. 2 : 8, 1918

模式種：唐竹，*Sinobambusa tootsik* Makino。

形態特徵

稈直立，圓筒形，分枝之一側扁平或有縱溝，表面平滑；節間通常較長；節明顯隆起；枝條3支，有時多至4~5支。

稈籜脫落，革質或厚紙質，具刺毛或無毛；籜耳發達或缺如；籜舌顯著，弓狀隆起，中間有尖峰或毛；籜葉鑿形乃至線狀披針形。

葉一簇3~9枚，葉片披針形；葉脈為平行脈或具小橫脈而為格子狀；葉耳細小或不顯著；葉舌顯著。

總狀花序，側生；小穗多數聚生枝節，粗線形，每小穗含小花多枚；護穎2~3；外稃革質，先端急尖，具小尖頭；內稃較外稃略短，具2龍骨線，先端鈍圓，龍骨線上通常具纖毛；子房發達，橢圓形至圓筒形，平滑無毛，花柱通常較長；柱頭3，羽毛狀；雄蕊3；鱗被3。

穎果似麥子，先端略尖。

本屬共10種（台灣竹亞科植物之分類；竹的種類及栽培利用）或17種（中國竹類彩色圖鑑），產於印度、不丹、尼泊爾、緬甸、中國及日本。台灣引進1種及1型。

· 唐竹屬之種檢索表

❶稈、枝、葉均為綠色

.... 唐竹

❶稈有時會有白色縱條紋，葉片之多數具乳白至黃色縱條紋

.... 白條唐竹

唐竹

Sinobambusa tootsik（**Siebold**）**Makino**, in Journ. Jap. Bot. 2：8. 1918

別　　名	苦竹、疏節竹（台灣竹亞科植物之分類）
異　　名	*Bambusa tootsik* Sieb., in Syn. Pl. Econ. 5. 1828 *Arundinaria tootsik*（Sieb.）Makino, in Bot. Mag. Tokyo 14：26. 1900 *Arundinaria dolichantha* Keng *Pleioblastus dolichantha*（Keng）Keng f. *Semiarundinaria tootsik*（Sieb.）Muroi
英　　名	Chinese cane
日　　名	唐竹（音too-chiku）
原產地	原產於中國，日本等各地栽植供觀賞。

　　由所揭示的中文名即可知其原產何處，連拉丁文學名也是由「唐竹」的日語發音轉化而來。日本人喜歡在庭院栽植，經過整修後，枝條層呈現爲階層狀，甚爲美觀。整修法一般是在竹筍展開枝條時，由枝條基部向枝條先端部留3~5節後，剪掉其先端部，使葉子集中在少數幾支枝條上。另外一種說法是：因爲各節所具有的大小枝條其基部之節間特別短，使多數枝條萌發後呈現叢生狀態所致。目前台灣一些庭園造景，或許受到日本的影響，能看到不少栽植本竹種之例，但是大多數因未設地下莖區隔設施，以致全區漫延擴散而遭失敗。

形態特徵

　稈：稈高5~10公尺，徑2.0~3.5公分，表面有光澤，有枝條之一邊稍扁或有淺溝；節隆起；節間長40~60公分；枝條初年3支，次年後增多而呈束生。

稈籜：稈籜脫落，革質，表面密布暗棕色細毛，邊緣密生軟毛；籜耳大，耳形，突出，邊緣密生剛毛；籜舌顯著，突出，圓頭形；籜葉線狀披針形，先端尖。

↑唐竹的籜片、籜葉、籜耳及籜舌。

↑ 唐竹之竹林林相。

葉：葉一簇3~9枚，橢圓狀披針形，長8~20公分，寬1.0~3.0公分，先端尖銳，基部楔形，側脈4~8，細脈6~8，平行脈，邊緣具刺狀毛；葉耳顯著，上端叢生剛毛；葉舌細小，截形；葉柄平滑無毛。

小穗：小穗粗線形，長3~10公分，每小穗含4~25朵小花；護穎2，長5~10公厘，全緣；外稃尖卵形，長8~11公厘，縱脈11~15，全緣；內稃長9公厘，龍骨線間縱脈3，兩側各2，龍骨線上部有毛；雌蕊長8公厘，子房似棒狀，平滑無毛，維管束3；花柱短；柱頭3，羽毛狀；雄蕊3；花絲長；花藥黃色，長4.5公厘；鱗被3，倒卵形，長2.5公厘，全緣。

果實：穎果如麥子狀，長9公厘，徑2.5~3.0公厘，背部有淺溝，先端尖，花柱宿存。

功用

除中、小型主供觀賞外，大型竹稈可為工藝用材。

台灣係於1964年由日本京都大學引進，目前除各地竹類標本園外，公園、庭園等亦有栽植，中部如台灣大學溪頭森林遊樂區之竹類標本園、日月潭原巒大林管處所設竹類標本園、以及瑞竹林業生產合作社的竹類標本園區等地區，高生長可達10公尺以上，徑亦可達5公分以上，惟這些大型竹在觀賞價值上略遜。

↑ 唐竹的籜葉呈線狀披針形。

白條唐竹

***Shinobambusa tootsik*（Sieb.） Makino, 'Albo-striata'**

異 名	*Shinobambusa tootsik*（Sieb.） Makino f. *Albo-striata* Muroi, in Sugimoto, New Keys Jap. Tr. 475. 1961
別 名	條紋唐竹（原色日本園藝竹笹總圖說）
日 名	鈴子業平竹（音suzu-ko-nari-hira-dake）、鈴子唐竹

　　根據岡村（1991）之記述，本變異種在日本中部栽培甚早，名爲「縞大名竹」（音：shima-dai-myou-chiku），惟曾一度絕跡（攝於1961年由室井 綽氏重新發現，參照水野曉成氏著「草木錦葉集」（1829）之圖說，命名爲「鈴子業平竹」，（該圖說所載爲業平竹*Semiarundinaria festuosa*之變種），與本型屬於唐竹之變異相差太大，且亦無任何關係，因此建議日名應爲「鈴子唐竹」以免混淆。以此觀點論，岡本（1991）記本型之中文名爲「白條唐竹」，似更爲適當。

形態特徵

　　爲唐竹之葉片具黃色至白色條紋之變異品種，有時稈部亦有少數白色縱條紋。葉片上條紋之出現，初爲黃色，後變白色，在中肋兩側中央部最多且較寬，次爲兩側葉緣附近，其他特徵與唐竹相同。

　　本種於近年由園藝種苗商自日本引進，各地亦逐漸普遍栽培供觀賞。

↑ 白條唐竹小群落。

↑ 白條唐竹於近年由園藝種苗商自日本引進，各地亦逐漸普遍栽培供觀賞。

↑ 白條唐竹的葉片上有條紋出現，初為
　黃色，後變白色。

←白條唐竹是庭園景觀栽植的好材料，但需
　注意做好控制地下莖擴散的隔牆措施。

221

地下莖橫走側出單稈散生型

↑ 本類型竹類僅具匍匐型地下莖，在地下交錯生長呈網狀，日本人稱為「鋼筋水泥之鋼筋於地下」。

地下莖橫走側出單稈散生型竹類檢索表

❶ 稈圓柱形，每節枝條2支，1支較大、1支較小

……… 孟宗竹屬

❶ 稈四角柱狀（角為圓形），節具短刺環生，籜片小

……… 寒竹屬中的四方竹

↑ 於台灣大學實驗林溪頭營林區竹類標本園之四方竹小林分。

寒竹屬
Chimonobambusa, Makino

模式種：四方竹*Chimonobumbusa qudrangularis* Makino

↑ 栽植於六龜扇平林業會館前的四方竹，2009年八八水災被沖毀前之歷史鏡頭。

| 別　名 | 四方竹屬 *Tetragonocalamu*s, Nakai（本屬名僅限於四方竹） |

形態特徵

　　寒竹屬之特徵，已於前節中敘述，同時在該節中已說明有1種四方竹係屬第四類型，因而在此僅就四方竹之形態加以敘述。

四方竹

Chimonobambusa quadrangularis（**Fenzi**）**Makino**, in Bot. Mag. Tokyo 28：154. 1914

別　名	方竹、四季竹、標竹、疣竹、角竹、箸竹（台灣竹亞科植物之分類）
異　名	*Tetragonocalamus angulatus*（Munro）Nakai, in Journ. Jap. Bot. 9（2）：89. 1933 *Phyllostachys quadrangularis*（Fenzi）Rendle, in Journ. Linn. Soc. 36：443. 1904 *Arundinaria quadrangularis*（Fenzi）Makino, in Bot. Mag. Tokyo 9：71. 1895 *Bambusa angulata* Munro, in Trans. Linn. Soc. 26：94. 1867 *Bambusa quadrangularis* Fenzi, in Atti Soc. Tosc. Sci. Nat. Pisa 5：401. 1880
英　名	square bamboo
原產地	原產中國南部諸省。
分　布	台灣可能係於1928年由日本引進，栽植於阿里山奮起湖之林務局工作站辦公室旁，現已普遍栽植於公私庭園，台灣大學溪頭森林遊樂區可為其代表。

　　本種因竹稈不同於其他竹類的圓筒狀，而為四角稍圓弧形的四方筒狀，早年在分類地位上，曾獨立為單屬種（1屬1種），即：*Tetragonocalamus quadrangularis*（Munro）Nakai（原色日本園藝竹笹總圖說）。鈴木貞雄於其「日本タケ科植物總目錄」中用*Tetragonocalamus angulatus*（Munro）Nakai，並認為原產中國及台灣，其實台灣可能在早期即由日本引進，因其栽植地是昔日阿里山林場的奮起湖(現為工作站)。另外可能需要挖掘地下莖系統加以證實的是，一般學者認為本種的地下莖是匍匐型地下莖，因而從寒竹屬分開，而列入唯一屬於匍匐型地下莖的孟宗竹屬同類型之內。實際上，筆者早期曾有一盆本竹種的盆栽，枯死之後撥開土壤檢視其地下莖，結果發現也同時具有直立型地下莖。或許有人會說：「因為是盆栽所以不確定」，筆者認為盆栽只會讓植物形體變小，但不可能改變地下莖的類型。

←四方竹葉片呈狹披針形。

↑ 四方竹栽植初期之林相。

形態特徵

稈：稈高2~6公尺，徑1~3公分，外表呈方形，中空為圓形，表面粗糙，具針刺狀（稈之上部）；節間長5~20公分；節略隆起，節上環生短刺（疣狀突起或稱氣根）；稈壁厚3~8公厘；枝條初時3支，逐年漸增，而至多數叢生。

稈籜：稈籜脫落，厚紙質，狹三角形，先端尖，底部截形，表面淡棕色，帶有紫色斑點；籜脈格子狀，邊緣密生細毛；不具籜耳、籜舌及籜葉，為其最明顯的特徵。

葉：葉片一簇3~5枚，長10~20公分，寬1~2公分，先端尖銳，基部楔形，側脈4~7，細脈5~6，格子狀；葉緣密生刺狀毛；葉柄短；葉耳細小或近於不顯著；葉舌突出，舌狀；葉鞘長4~7公分，平滑無毛。

小穗：小穗在枝節上簇生而成團，長1.5~3.0公分，淡綠色或枯草色，每小穗含小花5~6朵；外稃卵狀披針形，膜質，無毛，先端短尖頭；內稃先端銳尖；子房倒卵形，長約1公厘，上端生有稀疏柔毛；花柱短，柱頭3；雄蕊3；花藥鈍圓頭，長5~7公厘；鱗被3，倒卵形。

↑ 四方竹竹稈的節上環生短刺。

功用

竹材為工藝、裝飾用材；竹筍味美可供食用。植株為優良觀賞用竹種。

孟宗竹屬

Phyllostachys, Sieb. et Zucc. in Abh. Akad. Der Wiss.
Munch. iii. 745. t. 5. f. 3. 1843

模式種：剛竹，*Phyllostachys bambusoides* S. et Z.　↑桂竹林林相攝於南庄鄉八卦力。

別　名	毛竹屬（中國竹類植物圖志、中國竹類彩色圖鑑、世界竹藤）；剛竹屬、淡竹屬（竹的種類及栽培利用）

形態特徵

稈直立，圓筒形，有分生枝條之一邊為扁平或有淺溝；節隆起，節下環生臘狀白色粉末；節間短，通常每節有2支枝條，分枝亦然。

稈籜脫落，厚紙質乃至革質，表面具塊狀斑點；籜耳顯著或不顯著；籜舌狹小或顯著；籜葉鑿形乃至線狀披針形。

葉片扁平，連接葉鞘，葉緣有一邊具刺狀毛，另一邊則疏生或全緣，葉脈格子狀；葉柄短；葉耳幼時顯著，老則脫落；葉舌顯著，突出。

花序側生，由穗狀花排列而成圓錐花叢；小穗2~3，互生，每小穗含1~4朵有孕性小花，頂端即為不孕性小花；基部具革質外苞片；護穎1~3，多脈，通常大小不一；外稃卵狀披針形，多脈，先端尖；內稃具龍骨線，先端二分叉，有毛；子房圓形，平滑，大部分不具維管束；花柱長；柱頭3，有時2；雄蕊3；花絲線形，特長；花藥闊線形；鱗被3，罕有2。

穎果線狀披針形，柱頭宿存，芒狀。

本屬竹種在1970~1980年代由於中國學者發表多種，目前種數約70餘種，主要分布於亞洲地區，東起日本經台灣、中國，西至西藏，南至印度、緬甸等地。台灣有7種、1變種、4栽培種，共12品種。

·孟宗竹屬之種檢索表

①	②	③	④	⑤
❶稈高大，一般在8公尺以上，可達20公尺	❷稈籜有毛	❸稈籜淡黃色，表面疏生細毛，具暗棕色塊狀斑紋，邊緣有毛，籜耳小，頂端叢生剛毛，籜舌細長，邊緣密生黃色短毛 ……… 石竹		
		❸稈籜革質，紫褐色，密佈暗褐色毛及暗褐色斑塊	❹稈均為正常稈，幼稈密佈銀色軟毛，老則脫落，轉為灰綠色而粗糙 ……… 孟宗竹	
			❹稈分正常稈與畸形稈或具有色縱條紋	❺稈分正常稈與畸形稈，正常稈正直，畸形稈節間短且膨大狀，各節不規則相連而呈龜甲狀 ……… 龜甲竹
				❺稈及枝條為橙黃色，具寬窄不同之綠色縱條紋 ……… 江氏孟宗竹
	❷稈籜無毛	❸稈籜革質，表面具暗棕色塊狀斑紋	❹籜耳顯著，邊緣密生剛毛，籜舌低，毛緣，節下無白色環	❺稈為正常稈，綠色光滑而無毛 ……… 剛竹
				❺稈為黃色，於芽溝部具綠色縱條紋 ……… 金明竹
			❹籜耳不顯著，籜舌狹小，芒齒緣，節下有白環	❺稈為正常稈，綠色，幼時被白色粉末 ……… 桂竹
				❺稈為黃色，於芽溝部具綠色縱條紋 ……… 黃金桂竹
		❸稈籜厚紙質，表面疏生棕色斑點，稈分正常稈及畸形稈，畸形稈之節間短而膨大，各節不規則相連而呈龜甲狀	❹稈為正常綠色，不具有色縱條紋 ……… 布袋竹	
			❹稈黃色，偶而有少數綠色縱條紋 ……… 黃金布袋竹	
❶稈高中小型，通常在8公尺以下，稈光滑無毛	❷稈幼時為綠色，第2年變為胡麻點狀，3年生以後變為黑褐色，稈籜厚紙質，表面無毛，邊緣密生黃色軟毛 ……… 黑竹			
	❷稈為綠色不變，稈籜革質，灰褐色，全緣，無毛 ……… 裸籜竹			

布袋竹

Phyllostachys aurea **Carr. ex A. & C. Riviere**, in Bull. Soc. Acclim. B. Ser. 3（5）：716. 1878

別　名	台灣人面竹、虎山竹、薑竹、鼓槌竹（台灣竹亞科植物之分類）羅漢竹、觀音竹、葫蘆竹、縮節竹、人面竹（中國竹類彩色圖鑑）壽星竹、算盤竹、邛竹、佛肚竹（中國竹類植物圖志）
異　名	*Phyllostachys formosana* Hayata, in Icon. Form. 6：140. 1916 *Phyllostachys bambusoides*（Sieb. & Zucc.）var. *aurea*（Carr. & Riv.）Makino, in Bot. Mag. Tokyo 2：158. 1897 *Bambusa aurea* Hort. ex Carriere, 1873 *Phyllostachys reticulata* Rupr. var. *aurea* Makino, 1912
英　名	fishpole bamboo
原產地	原產於中國及台灣。

　　依照日本及中國等竹類分類的文獻，其「節間在基部或中部以下常呈畸形短縮」似是正常的現象，而只有台灣的文獻分爲正常桿及畸形桿。其實在1916年，早田文藏曾發表台灣竹種的新種，名爲「台灣人面竹」，亦即：*Phyllostachys formosana* Hayata。今查早田的原圖，其籜舌極狹窄且頂端平整無鋸齒、亦無短毛，並謂：

↑ 布袋竹之單桿。

與布袋竹類似，但桿籜有紫色斑紋及缺肩毛等而與布袋竹有別；鈴木貞雄（1978）、溫太輝（1993）、朱石麟等（1994）等文獻則均敘述布袋竹的籜舌邊緣有鋸齒且有短毛。在台灣，目前對台灣人面竹的特徵以中文敘述者，有林維治（1961）的「台灣竹科植物分類之研究」，其中明說「本種爲本省固有種，與大陸所產（*Phyllostachys aurea* Riv.）迥異。」後來林維治（1976）又認爲與中國的布袋竹爲同種而予以合併，是否適當似乎留有討論的空間。

形態特徵

稈高：稈高3~7公尺，徑2~5公
分，幼稈粉綠，老則轉變
為暗綠色乃至黃綠色。
稈分正常稈及畸形稈兩
種：正常稈之節間長
15~30公分，正直；畸形
稈之節間短，傾斜形，呈
膨脹狀；節突起，各節不
規則相連而成龜甲狀；稈
壁厚4~8公厘；每節枝條
2支。

稈籜：稈籜厚紙質，表面無毛，
疏生棕色斑點，全緣，頂
端截形；籜耳不顯著；籜
舌狹小，具毛緣；籜葉鑿
形乃至披針形，全緣。

葉：葉一簇1~3枚，有時達
7枚，披針形，長6~12
公分，寬1.0~1.5公分，
先端尖，基部鈍形或尖
圓形；側脈4~5，細脈
7~9，格子狀；葉緣有一
邊密生細毛，另一邊則疏
生；葉柄長2~4公厘；葉
耳顯著，幼時上端生有剛
毛；葉舌細長，突出，上
端有毛；葉鞘長2.5~3.5
公分，一邊具毛緣。

↑ 布袋竹的畸形稈其節間較短，呈膨脹狀。

↑ 葉呈披針形。

小穗：小穗1~2著生小枝頂端，每小穗含1~4朵小花；外苞片革質，橢圓
狀披針形，無毛，縱脈5，邊緣密生細毛；護穎2，披針形，縱脈
5~9，橫小脈顯著，中肋及邊緣有毛；外稃披針形，長1.9公分，寬

4公厘，無毛，縱脈7~9，橫小脈顯顯著，頂端具芒刺；內稃長1.5公分，寬3公厘，無毛，縱脈9，橫小脈顯著，頂端二分叉，不具龍骨線；雌蕊長2.2公分；子房球形，細長，不具維管束；花柱細長；柱頭1~2，羽毛狀；雄蕊3；花藥長9.5公厘；花絲長2.4公分；鱗被1~2，膜質，長1.8~2.0公厘，微毛。

果實：穎果闊線狀披針形，長6~8公厘，寬1.5~2.0公厘，背部有溝，堅硬，頂端花柱宿存。

由模式標本採自法國即可知，本種早期即已傳出國外栽植，林維治氏（1976）認為台灣可能係於1700年自中國南部引進，然而由目前台灣北、中部各地仍可零星見到呈野生狀態之林分視之，亦不無可能是原本即有分布，且其即為「台灣人面竹」訂名之所由來。

↑ 布袋竹之林相。

功 用

本種除可栽植或盆栽供觀賞之外，竹材亦可供為建築、家具、編織、膠合工藝等之優良材料，尤其以畸形稈之工藝利用，製釣竿等更是珍貴。正常稈之竹筍味美可食。

黃金布袋竹

***Phyllostachys aurea* Carr. ex A. Rivere et C. Riviere, ‘Holochrysa’**

異　名	*Phyllostachys aurea* Carr. ex A. Rivere et C. Riviere f. *Holochrysa* Muroi et Kasahara（原色日本園藝竹笹總圖說）
別　名	黃金人面竹（原色日本園藝竹笹總圖說）
日　名	黃金布袋竹（音oo-gon-ho-tei-chiku）

　　本種係由稱爲「縞布袋」（音sima-ho-tei，條紋布袋竹之意）之竹種之中，將具有黃色稈之品系予以分出，而於1963年命名者。

　　本變異的產生，主要是由於稈之第一層組織發生突變成爲易變性黃色基因，經過逐漸重組之後，使第一、第二及第三層均成黃色基因而呈現爲黃色稈。至於是由開花後之再生竹所產生之突變，抑或是由種子苗產生之變異仍屬不明。

　　主要在日本西部栽培供觀賞。

形態特徵

　　本種爲布袋竹之稈呈黃色、偶爾出現極少數綠色縱條紋的變異品種。其葉部亦偶爾會出現黃白色縱條紋。

↑ 黃金布袋竹之單稈。

↑ 黃金布袋竹之小群落。

剛竹

Phyllostachys bambusoides **Sieb. & Zucc**., in Abh. Phys. Math. Klasse
Acad. Muench. 3：745. t. 5. f. 3. 1843

別　名	光竹、台竹、鬼角竹、鋼鐵頭竹、日本苦竹（台灣竹亞科植之分類），桂竹、五月季、花斑竹、小麥竹等（中國竹類彩色圖鑑），苦竹、遲竹、斑竹、箭竹等（中國竹類植物圖志），茳竹、金竹（竹的種類及栽培利用）
異　名	*Arundo bambos* Thunberg, in Nova Acta Regiae Soc. Sci. Upsal 4：36. 1783, non Linn *Bambusa matake* Japon ex Sieb., in Verh. Bat. Gen. 12：4. 1830 *Bambusa reticulata* Ruprecht, in Mem. De l' Acad. Des Sci. St. Petersb. 6 （5）：148. 1840 *Bambusa bifolia* Sieb.ex Munro in Trans. Linn. Soc. 26：36. 1868 *Bambusa majeli* Hort. ex Bean, in Gard. Chron. 15：431. 1894 *Phyllostachys megastachya* Steudel, in Bot. Zeit. 29：21. 1846 *Phyllostachys macrantha* Sieb. et Zucc., in Flora 29：34. 1846 *Phyllostachys reticulata* （Rupr.） Koch., in Dendrol. 2：356. 1873 *Phyllostachys viridis* McClure（竹的種類及栽培利用）
英　名	Japanese timber bamboo, madake
日　名	真竹（音ma-dake）
原產地	原產於中國及日本。
分　布	本種之分布範圍西起喜馬拉亞山之東北，經中國之南部及中部諸省，東至日本。

　　本種有些人士認為是中國原產，但是因為曾經在日本找到它的化石，所以認為日本也有天然分布的說法較普遍，同時也是日本最重要經濟竹種之一。一般而言，係以青森縣為北限，全國各地普遍栽培，甚至於已有野生化的群落。本種在日本最近的開花記錄是1963~1973年為盛期的集團開花，當時開花後枯死的竹林幾乎達到日本剛竹總面積之3分之2，嚴重影響日本依賴本竹種以維持的竹產業，台灣的桂竹適時伸出援手，造成雙贏的局面，一時在兩國竹產業界之間傳為佳話。

←剛竹的開花枝、小穗和小花。本開花株是筆者由日本帶回開花竹之地下莖所萌發「恢復竹」之「再開花」。

形態特徵

稈：竹稈優雅，綠色而光滑，高6~20公尺，徑5~15公分；節間長
20~30公分，有枝條分出之一邊略扁平或有淺溝；節隆起；稈壁厚
4~10公厘；每節枝條2支，分枝亦然。

稈籜：稈籜革質，無毛，表面具暗棕色塊狀斑紋，全緣；籜耳顯著，邊緣
密生剛毛；籜舌低，具毛緣；籜葉狹小，鑿形，先端尖，反捲。

↑ 剛竹之林相。

葉：葉一簇3~5枚，有時多達7枚，披針狀橢圓形，長10~15公分，先端尖，基部鈍形，表面無毛，背面粉白，基部中肋有毛；側脈5~7，細脈8，格子狀；葉緣有一邊密生刺狀毛，另一邊全緣；葉耳顯著，幼時生有剛毛；葉舌細長，突出；葉鞘表面無毛，邊緣有一邊疏生細毛。

小穗：小穗1或更多，著生於頂端枝節，長4~8公分，徑4~6公厘；外苞片革質，橢圓狀披針形，長1~4公分，寬0.5~2公分，含有小花2~5朵；護穎2，披針形，長1.7公分，縱脈13，中肋有毛；外稃廣披針形，先端尖銳，長1.8~2.2公分，縱脈15~22，表面及邊緣密生細毛；內稃披針形，先端二分叉，有毛，長1.7~2.0公分，龍骨線間縱脈3，兩側各3~5，龍骨線上有毛；雌蕊長2.7公分；子房長3公厘，不具維管束，柱頭3，羽毛狀；雄蕊3；花藥黃色，闊線形，長1.2公分；花絲長2.5公分；鱗被3，膜質，長3~5公厘，上端有毛。

果實：穎果闊線狀披針形，長1.0~1.4公分，徑2~2.5公厘，先端略尖，花柱宿存。

　　台灣之引進，據前日本京都大學教授、竹類大師故上田弘一郎氏之說法，曾於日據時代引進而栽植於嘉義縣之梅山鄉一帶，惟因缺正式記錄，無法證實亦未能找到栽植地點。有正式記錄者，係於1964年由日本京都大學引進，目前亦僅於各地竹類標本園內。

↑ 剛竹之新筍。

功用

竹材緻密而堅韌，富有彈性，適於編織、膠合工藝品、竹籬裝飾用材等，在日本為最重要竹材之一。

↑ 培育管理良好的剛竹林，林內小徑似亦是享受竹林浴的好地方。

↑ 剛竹之林相。

← 剛竹林內一角。

金明竹

Phyllostachys bambusoides Sieb. et Zucc., 'Castillonis'

別　名	黃金間碧玉竹
異　名	*Phyllostachys bambusoides* Sieb. et Zucc. cv. 'Castillon' McClure *Phyllostachys bambusoides* Sieb. et Zucc. f. *Castillonis* (Marliac ex Carr.) 　　Muroi（原色日本園藝竹笹總圖說） *Bambusa striata* Lodd. et Sons. in Catal. 4, 1820 *Bambusa kinmeitsik* Japon ex Sieb. in Verh. Bot. Gen. 12：5, 1830 *Bambusa castillonis* Marliac ex Carr. in Rev. Hort. 38：513, 1886 *Phyllostachys castillonis* Mitford, in Bamb. Gard. 152, 1896 *Phyllostachys reticulata*（Rupr.）C. Koch var. *Castillonis* Makino, in Bot. 　　Mag. Tokyo 26：21, 1912 *Phyllostachys bambusoides* S. et Z. var. *Castillonis*（Marliac ex Carr.） 　　Makino, in Bot. Mag. Tokyo 14：63, 1900
日　名	金明竹（音kin-mei-chiku）

可能是由剛竹所產生諸多變異品種當中，受到栽培利用最多的品種之一。其原種的剛竹於開花之際，通常是因為稔性低以致結實率相當低，幾乎採不到種子，但是本品種則不然。當幾乎全日本的金明竹於1963~1968年間開花時，土佐市的安岡醫院採到大量的種子，得以供為食用。竹類的種子可當食物通常稱為「竹米」。

形態特徵

本種為剛竹之稈部呈黃色，而芽溝部（節上發生枝條一邊之竹稈稍扁平或稍下陷而

←金明竹的芽溝部呈綠色縱條紋。

↑ 青綠色條紋是出現在芽溝部。

呈淺溝狀，稱芽溝部）則為綠色的變異品種。其葉部有時也會出現少數黃白色縱條紋。

本變異產生的原因與前述黃金布袋竹相同，主要由於稈之第一層發生易變性黃色之變異而形成，惟第二層及第三層者仍為綠色，而芽溝部之第一層之厚度較薄，致綠色仍可透析顯現。

本種很早以前即已受到喜好而珍重，綠葉與黃色稈的對比尤其顯著，一般常在茶室庭院中栽植供為觀賞。

本種早年曾由林維治先生自日本引進，但未成活。目前種在林業試驗所六龜研究中心扇平竹類標本園中者，係筆者自日本鹿兒島林業試驗場引進。

石竹

***Phyllostachys lithophila* Hayata**, in Icon. Pl. Form. 6：141. f. 51. 1916

別　名	石竹仔、轎槓竹（台灣竹亞科植物之分類）；篙篙竹（產地商品名）
英　名	thill bamboo
原產地	為台灣原生種。

　　在台灣原生的散生型竹類中，本種應算是最大型的。別名中有轎槓竹，表示它從前曾是主要交通工具的重要資材。在昔日還沒有車子的時代，轎子是最重要的交通工具，但是也不是一般人都能那麼普遍使用，除了有錢的老人家之外，通常是與新娘連想在一起。轎子側面兩旁中央部位，綁有左右各1支長竹稈，前、後兩端再各綁上1段橫桿，轎夫就是前、後各1人，以肩扛起橫桿就可「抬轎」。

←由於石竹竹稈富有彈性，大小又適宜，所以是轎槓的最佳材料。

形態特徵

稈：稈高3~18公尺，徑4~12公分，幼稈粉綠，平滑無毛，後轉變為深綠色而有光澤，老稈黃綠色；節間長10~40公分，節間在節上有枝條抽出之一邊為略扁平或呈淺溝狀；節隆起，節下環生白色粉末；稈壁厚4~8公厘；每節枝條2支。

稈籜：稈籜革質，淡黃色，表面疏生細毛，具暗棕色塊狀斑紋，邊緣有毛；籜耳小，近於不顯著，頂端叢生剛毛；籜舌細長，邊緣密生黃色短毛；籜葉鑿形或闊線狀披針形，全緣。

↑ 石竹主要分布於中部及北部之海拔150~1500公尺範圍，以嘉義縣竹崎鄉之石棹地區最為集中而面積最廣。

葉：葉一簇2~3枚，有時4~5枚，狹披針形，長8~20公分，寬1.2~2.0公分，先端尖，基部楔形，表面暗綠，背面灰綠，側脈5~7，細脈10，格子狀；葉緣有一邊密生刺狀毛，另一邊則疏生；葉柄短，長4~9公厘；葉耳不顯著；葉舌細長，突出，具芒刺；葉鞘長4~6公分，表面無毛。

本種在2000年稍前時開花，地點為台灣大學實驗林溪頭營林區竹類標本園之石竹區。發現時已屬末期，全區開花後母竹枯死殆盡，而未見花穗，因此無竹花之描述，反採得數粒種子，該實驗林在竹山之管理處應有幾株種子苗在培育中。穎果為狹披針形，上端漸尖，長約1公分左右。

↑ 葉呈狹披針形。

功用

本種竹材堅硬，可供建築、家具、農具、器具、編織、膠合工藝等。竹筍味美可供食用，產期比桂竹約晚1個月。

桂竹

***Phyllostachys makinoi* Hayata**, in Icon. Pl. Form. 2：250. 1915, 6：142. f. 52. 1916, 7：95. 1918

別　名	桂竹仔（竹的種類及栽培利用）：篦竹、甜竹、花棉竹、花殼竹、麥黃竹等（中國竹類彩色圖鑑）：台灣桂竹、棉竹等（中國竹類植物圖志）
異　名	*Phyllostachys bambusoides* sensu Matsum. et Hayata, in Journ. Coll. Sci. Univ. Tokyo 22：548. 1906, non Sieb. et Zucc.
英　名	Makino bamboo
原產地	台灣原生種。
分　布	全島海拔10~1500公尺地區均有分布，面積逾44,000公頃，以北、中部較多。

　　本種是台灣原生竹種之中，栽培面積最廣大的1種，實際上也是用途最廣泛、經濟價值最高的竹種。自從筆者於1985年開始觀察、研究竹類開花問題時起，就在南投縣各地發現零星開花現象，尤以竹山地區較易見，其普遍程度可到安排固定路線，定期或不定期觀察、採集。對筆者而言，本竹種也是提供最多研究題材的竹種。

形態特徵

稈：稈高6~16公尺，徑2~10公分，幼稈粉綠，老稈棕綠；節隆起，節下環生白色粉末；節間長12~40公分，節間在枝條生長之一邊略扁平或呈淺溝狀；稈壁厚4~10公厘；每節枝條2支，在枝下高處偶有1支者。

稈籜：稈籜革質，淺棕色，具暗棕色斑紋，全緣，頂端略呈圓頭形；籜耳不顯著；籜舌狹小，芒齒緣；籜葉鑿形或線狀披針形，全緣。

→桂竹竹稈節下環生白色粉末。

↑ 桂竹的穎果（右邊成堆及左邊上列）和種子左下6粒。這些桂竹種子是自開始研究種子苗以來，從單一開花竹所採得種子最多的1株。

↑ 桂竹之開花，開花株多是1年生新生小竹。

葉：葉一簇2~3枚，有時5枚，卵狀披針形，長6~15公分，寬1~2公分，先端尖，基部楔形，有毛，表面暗綠，側脈5~6，細脈8~9，格子狀；葉緣有一邊密生刺狀毛，另一邊則無毛而全緣；葉柄長4~6公厘，幼時上端叢生棕色剛毛，老則脫落；葉舌細長，突起；葉鞘長3~6公分，表面無毛。

小穗：小穗長3~4公分，每小穗含2~4朵小花；外苞片革質，細長，無毛，長1.7公分，寬4公厘，縱脈13~15；護穎2，縱脈7~9，邊緣有毛；外稃披針形，長1.5公分，寬4公厘，縱脈13~15，表面及邊緣有毛；內稃長1.1公分，寬3公厘，有毛，頂端二分叉，龍骨線間縱脈2，兩側各3；雌蕊長9公厘；子房球形，平滑；花柱長；柱頭2，羽毛狀；雄蕊3；花絲長；花藥長8公厘，黃色；鱗被3，長3公厘，寬1.5公厘，膜質，表面無毛，全緣。

果實：穎果狹披針形，長約6~10公厘，先端漸尖，頂端突起。

↑ 桂竹竹筍。

功用

本種材質優良，為台灣用途最廣之竹種。可供建築、家具、農具、器具以及編織、膠合等之工藝用等。竹筍味美，可供食用。

孟宗竹屬

241

條紋桂竹

Phyllostachys makinoi Hayata,‘Stripestem’（恆青如竹，上）

異　名	*Phyllostachys makinoi* Hayata cv. *Stripestem* Yen（恆青如竹，上）
別　名	黃金桂竹、金絲桂竹
原產地	台灣原生種。

　　本變異種的存在，是1996年左右，在竹崎鄉附設竹類標本園中與鄉公所同仁談話中得悉。當時還沒有嚴新富博士所記述的訊息，只知他們所稱「條紋桂竹」，以及另1變異種「白竹」均已枯死而不存在。如果要問本變異種與「金明竹」要如何區別？當然就是要找它們的原種，也就是找桂竹和剛竹之間的差異就對了。（請參考孟宗竹屬之檢索表）

形態特徵

　　本種係桂竹之程呈黃色，而芽溝部為綠色之變異品種，葉片有時也會出現黃白色縱條紋。

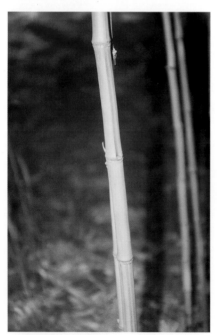

　　根據嚴新富氏（恆青如竹，上，2004）的說法，本品種是在1985年10月，在南投縣竹山鎮所舉辦之竹展中選出。目前除中部地區花木種苗園有展售外，竹山鎮青竹竹文化園區、清華大學生命科學館中庭有栽植。（嚴博士另提到嘉義縣竹崎鄉之竹崎公園內附設竹類標本園亦有栽植，但據作者之了解是並未成活而目前並不存在。）

↑ 本種桂竹的竹程呈黃色。

功　用
除栽植供觀賞外，其他用途同桂竹。

↑ 條紋桂竹的小群落。

↑ 條紋桂竹稈為黃色，芽溝卻有綠色條紋。

↑ 條紋桂竹的葉片有時也會出現黃白色縱條紋。

黑竹

Phyllostachys nigra（**Loddiges**）**Munro**, in Trans. Linn. Soc. 26：38. 1868

別　名	烏竹、烏竹仔、胡麻竹、紫竹（台灣竹亞科植物之分類）；水竹子（中國竹類植物圖志）；烏紫竹（中國竹類彩色圖鑑）
異　名	*Phyllostachys nigripes* Hayata, in Icon. Pl. Form. 6：142. f. 53. 1916 *Bambusa nigra* Loddiges, in Cat. Pl. 4. 1823 *Phyllostachys puberula* Makino var. *nigra*（Lodd.）H. de Leh., in Cong. Int. Bot. Brux. 2：223. 1910 *Phyllostachys nigra*（Lodd.）Munro var. *muchisasa* Nakai, in Journ. Jap. Bot. 9（1）：26. 1933
英　名	black bamboo
原產地	原產中國浙江、江蘇、福建及湖北等省。

雖然是因為竹稈會呈現黑褐色而特殊，但是在台灣栽植並不普遍，所以還是很難看得到，林業試驗所台北植物園現存的1小區（約2 × 2公尺平方）也就顯得更為重要。倒是在日本就廣泛栽培於北海道南部以南之各地，甚至有3種栽培品種出現，相當難得。

形態特徵

秆高：秆高通常為2~5公尺，有時可達7.5公尺，徑1~3公分，初年幼秆綠色，平滑無毛，第二年轉變為具胡麻點狀，第三年以後即變為黑褐色；節間長4~25公分，秆之有枝條長出之一邊呈扁平或具淺溝，亦即有芽溝部；節隆起，每節枝條2支，有時在枝下高之節為單支；秆壁薄。

↑ 黑竹之竹稈於2~3年生後變黑色。

秆籜：秆籜厚紙質，淡黃綠或淡灰黃乃至淡黃赤色，表面無毛，邊緣密生黃色軟毛；籜耳於細小秆為不顯著或細小（攝於較粗大之秆則籜耳極顯著，突出，邊緣有褐色剛毛；籜舌顯著；籜葉鑿形乃至狹三角形，先端尖，無毛。

葉：葉一簇2~3枚，有時多達13枚，卵狀披針形，長6~12公分，寬

↑難得一見的黑竹小林分。

1.0~1.5公分，先端尖，基部鈍形，側脈4~5，細脈7~9，格子狀；葉緣有一邊密生刺狀毛，另一邊則疏生；葉柄長3.5公厘；葉耳細小，幼時頂端生有剛毛；葉舌短；葉鞘表面無毛。

小穗：小穗2~5個著生頂端枝節，長1.8~2.5公分，每小穗含4朵小花；外苞片革質，卵狀披針形，長1.8公分；護穎1，中肋及邊緣有毛；外稃披針形，長1.9公分，先端尖，縱脈9，橫小脈顯著，表面及邊緣有毛；內稃狹披針形，長1.0公分，頂端二分叉，龍骨線間縱脈2，兩側各2，龍骨線上密生細毛；雌蕊長1.3公分；子房細長，平滑，不具維管束；花柱細長；柱頭3，羽毛狀；雄蕊3；花絲細長；花藥長7公厘；鱗被3，長3.5公厘，膜質，有毛。

功　用

竹稈外表黑褐色，材質堅韌，為工藝品及裝飾之珍貴材料，植株供觀賞。

→黑竹的竹叢。

←台灣可能係早期即由華南引進，於日治時期即曾在南投縣油車坑發現本種。另則於1964年由日本京都大學引進，各地庭園及竹類標本園有栽植。

裸籜竹

Phyllostachys nuda **McClure**, in Wash. Acad. Sci. Journ. 35：288. f. 36, 37. 1945

別　名	石竹、雞毛竹、烏焦竹、紅殼竹（中國竹類彩色圖鑑）；灰竹、淨竹、焦殼淡竹、焦殼竹、小竹（中國竹類植物圖志、世界竹藤）
原產地	原產中國浙江、江蘇、安徽、湖南、福建等省。

　　本種幼稈為深綠色，被白色粉塊，節下具白粉環。筍質優良，在中國似為重要產筍竹種。台灣目前僅栽植於各地的標本園。

形態特徵

稈：稈高達7.5公尺，徑亦達3.0公分，綠色；節間長15~25公分，稈部在有枝條分出之一面為略扁平或呈淺溝狀；節隆起，每節枝條通常為2支。

稈籜：稈籜革質，灰褐色，全緣，無毛；籜耳不顯著；籜舌突出，截形，細齒緣；籜葉鑿形或線狀披針形，先端尖，邊緣無毛。

↑ 裸籜竹的竹筍。

↑ 裸籜竹之新生竹和竹筍。

↑裸籜竹林相

葉：葉一簇3~5枚，披針形，長8~10公分，有時長達15公分，寬
　　1.0~1.5公分，先端尖，基部楔形，表面綠色，背面基部有毛，側脈
　　5~6，細脈8，格子狀；葉緣有一邊密生刺狀毛，另一邊爲全緣；葉
　　柄短；葉耳不顯著；葉舌顯著，突出；葉鞘無毛。

花：花序穗狀，頂生，長
　　6.5~11.5公分，外苞片
　　3~4枚佛燄狀，每一佛燄
　　苞含2~4小穗，每小穗1
　　朵小花；護穎1，上部疏
　　生短刺毛；內稃龍骨線
　　上具纖毛，先端芒狀；
　　花藥長1.1~1.3公分。

功　用

竹材通直、堅韌，富彈性，不開裂，可供
製家具、器具柄、晒衣竿、蔭棚、果菜園
之支架等；竹筍味美，為天目山地區筍乾
之主要原料。

孟宗竹

***Phyllostachys pubescens* Mazel ex H. de Lehaie,** in Le Bambou 1：
39. 1906

別　名	毛竹、江南竹、貓兒竹、貓頭竹、茅茹竹、南竹（台灣竹亞科植物之分類）；楠竹、茅竹、苗竹、苗衣竹（中國竹類植物圖志）
異　名	*Phyllostachys heterocycla*（Carr.）var. *pubescens*（Mazel）Ohwi *Phyllostachys edulis*（Carr.）A. & C. Riviere, in Bamb. 183. 1878 *Bambusa edulis* Carr., in Rev. Hort. 37：380. 1866 *Phyllostachys mitis* A. & C. Riviere, in Le Bambou 231. t. 22, 23. 1878 *Phyllostachys heterocycla* Mitford form. *pubescens*（Mazel）Muroi, in New Key Jap. Trees 465. 1961
英　名	Moso bamboo
日　名	孟宗竹（音mo-so-chiku）
原產地	原產中國江南諸省，栽培地區廣及日本。

←孟宗竹幼稈呈粉綠色。

　　台灣稱本種為孟宗竹乃是跟隨日本人的稱呼法。奇怪的事是：日本人稱孟宗竹但不知道其原由來龍去脈；而「孟宗哭筍」是中國人編造出來「教育」小孩的故事，但中國人卻不稱為孟宗竹而稱「毛竹」。本種以產「冬筍」出名，其實單純以冬季有芽苞膨大現象而言，並不是本種的「專利」，實際上桂竹也有，只是筍體太小，處理費工費時，不能當商品而缺經濟價值罷了。

功用

本種材質優良，用途至廣，可供建築、家具、器具、編織、膠合等工藝用材。在建築工地之鷹架材料尚未被鋼鐵取代之前，主要就是使用孟宗竹來搭建。又本種竹筍有冬筍、春筍及白露筍，冬筍尤為珍貴。

形態特徵

稈：稈高4~20公尺，徑5~18公分，幼稈粉綠色，密布銀色軟毛，老則脫落，而稈亦轉變爲灰綠或淡灰黃色；節間長5~40公分，稈之長出枝條之一邊爲略扁平或呈淺溝狀；節隆起，節下環生白色粉末；稈壁厚0.5~1.5公分；每節枝條2支，分枝亦然，有時在枝下高之枝爲單支。

稈籜：稈籜革質，紫褐色，密布暗褐色細毛及暗褐色斑塊，邊緣有毛；籜耳小，上端叢生剛毛；籜舌細長，毛齒緣；籜葉鑿形乃至狹三角形，幼時黃綠色，全緣。

↑ 蓊蔚挺拔的孟宗竹林林相十分雅致。

↑孟宗竹最著名的「冬筍」。

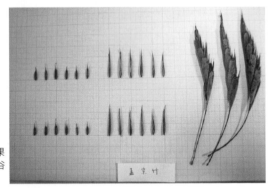

→孟宗竹之小穗（右）、穎果
（中）和種子（左）。採自鹿谷
鳳凰村。

葉：葉一簇2~4枚，闊線狀披針形，長4~12公分，寬0.5~1.5公分，先
　　端尖，基部楔形，表面無毛，背面基部有毛，側脈3~6，細脈9，
　　格子狀；葉緣有一邊緣密生刺狀毛，另一邊則疏生；葉柄長1~2公
　　厘；葉耳不顯著；葉舌突出；葉鞘長2.5~4.0公分，表面無毛，一邊
　　具毛緣。

小穗：小穗細長，單一，生於小枝頂端，長5~7公分，徑5~6公厘；外苞
　　　片革質，長2~3公分，無毛，縱脈17；苞葉卵狀披針形，先端尖；
　　　護穎倒卵形，中肋有毛；外稃廣披針形，先端尖，長2.6公分，寬5

↑ 孟宗竹林林相。

公厘，有毛；內稃龍骨線間縱脈2，兩側各2~4，邊緣上部有毛；雌蕊子房棒狀，細長，不具維管束；花柱長；柱頭3，羽毛狀；雄蕊3；花絲長；花藥黃色，長1.2公分，頂端具芒狀；鱗被3，長6公厘，寬1公厘，膜質，無毛，全緣。

果實：穎果線狀坡針形，長7~11公厘，徑1.2公厘，背面具淺溝，先端芒狀。

台灣可能係於早期隨先民引進，栽植地區以中部較多，北部次之，海拔自150~1,600公尺範圍，面積約3,300公頃，尤以南投、嘉義兩縣為多。

龜甲竹

Phyllostachys pubescens **Mazel var.** *heterocycla* （**Carr.**）**H. de Lehaie,** in Le Bamb. 1：39. 1906

別　名	人面竹、鬼面竹、龜紋竹（台灣竹亞科植物之分類）；龍鱗竹、佛面竹、馬漢竹、龜文竹（中國竹類植物圖志）
異　名	*Bambusa heterocycla* Carriere, in Revue Horticole 49：354. 1878 *Phyllostachys heterocycla* Mitford, in Bamb. Gard. 160, 1895 *Phyllostachys mitis* Riviere var. *heterocycla* Makino, in Bot. Mag. Tokyo 14：64. 1900 *Phyllostachys edulis* Riviere var. *heterocycla* H. de Lehaie form. *subconvexa* Makino ex Tsuboi, in Illus. Jap. Bamb. 21. 1916
原產地	中國、日本及台灣

　　有些學者將本變異種的學名定爲*Phyllostachys heterocycla* Matsumura，孟宗竹反而變爲龜甲竹的變種，原因是在孟宗竹尚未被發現定名之前，在巴黎的商品展示場先被學者發現而先命名所致。另外，在日本除了本變異種之外，還有1變異種「佛面竹，（*P. heterocycla* f. *subconvexa* H.Okamura）」，兩者之間的差異在於：佛面竹膨出的程度較平緩，以及其芽溝部無丘陵狀組織。不論日本的變異情形如何，吾人在台灣之所見是在台灣產生的變異，具本土自主性，自不必跟隨著「聞雞起舞」。

←龜甲竹。

形態特徵

　　本變種係由孟宗竹所產生的變異種，其主要特徵爲：稈部畸形，即上下節之一邊互相重疊，另一邊則節間膨大，如此交互重疊、膨大，使竹稈呈龜甲狀因而得名。此畸形稈尤其於稈之下半部爲明顯。

　　原產地可能爲中國，在日本栽培頗盛，是否曾引進日本不得而知，亦有可能是孟宗竹引進日本之後產生之變異。依據林維治（1976），本種曾獲日本竹類專家上田弘一郎氏贈送，

↑龜甲竹的小群落。

植於林業試驗所台北植物園內，惟由該園數十年來的記錄並無此種，顯然該批竹苗並未成活，而除此之外並無其他引進記錄。

在台灣，作者首次看到本種是在南投縣的鹿谷鄉護林協會的前院，當時該前院整片都是，據協會前總幹事的說法，是在該會會員之孟宗竹林發現，目前該前院已改植台灣肖楠，但殘留的地下莖仍繼續萌發小竹，所以可說該地該種還存在。第二個地點是在嘉義縣阿里山鄉的茶山村，現已故簡續宗先生的孟宗竹林，據說是從附近朋友處分株栽植者，而原來分株之林分已改植柳杉而不存在。簡先生的孟宗竹林共三處約80公頃，三處均栽植有龜甲竹，可以說是本種目前在台灣最完整的林分。

| 功　用 |

除供觀賞外，畸形稈可供裝飾及工藝之用，其他用途同孟宗竹。

↑龜甲竹之單稈（畸形稈與正常稈）。

江氏孟宗竹

Phyllostachys pubescens Mazel, ‘**Tao Kiang**’

異　名	*Phyllostachys pubescens* Mazel cv. *Tao Kiang* Lin in Bull. Taiwan For. Res. Inst. 98：21. f. 14. 1964
英　名	Kiang’s moso bamboo
原產地	在台灣發生的變異。

　　由孟宗竹所產生有關稈部顏色的變異有多種模式，其中與江氏孟宗竹較為接近者，當推「縱縞孟宗竹」（tate-jima-mo-so-chiku）。相對於金明孟宗竹的綠色縱條紋僅出現於芽溝部，而江氏孟宗竹及縱縞孟宗竹的條紋出現，則同樣是不限於芽溝部。無論如何，這些變異都只是「栽培品種」的層級，且經常在作改變，甚至會回歸原種而「返先祖」，應此可不必分得太詳細。

形態特徵

　　本栽培種亦係由孟宗竹所產生的變異品種。其與孟宗竹不同之特徵為：（1）稈及枝條均呈橙黃色，間具寬或狹之綠色縱條紋；（2）有些葉片具乳白色條紋。

↑ 江氏孟宗竹之單株（於野外自然發生之變異株）。

↑ 江氏孟宗竹之小群落。

　　本變異品種係由前農復會技正江濤先生在鹿谷鄉溪頭海拔1,000公尺處發現，林維治先生即以江氏之名命名，以示尊敬與紀念。

　　日本之「金明孟宗竹」（*Phyllostachys pubescens* Mazel ex H. de Lehaie var. *nabeshimana*（Muroi）S. Suzuki）在形態上與本種極為類似，但台灣並無本種引進之記錄，同時本種在台灣除江氏所發現的溪頭以外，作者曾分別在水里人倫林道、杉林溪等地林分中發現，也曾在竹山鎮之大鞍林業生產合作社之竹材堆積場看到竹材數支，由此可見本栽培種是在台灣發生的變異，作者將此類在台灣發生變異者均列為台灣之原生種。目前本種在台灣之栽植地，以台灣大學之溪頭竹類標本園中者最為完整。

功用

除供觀賞外，其他用途同孟宗竹。

↑ 攝於孟宗竹林分中自然產生的變異即江氏孟宗竹。

草本性竹類

↑珍貴的台灣原生種草本性竹類──囊稃竹
（本種3種照片均由鍾詩文博士提供）

囊稃竹屬

Leptaspis R. Br. in Prod. Fl. Nov. Holl. 211, 1810

形態特徵

多年生草本；稈直立或攀升。葉明顯排成2列；葉鞘扁壓，葉舌極短；葉具有明顯的葉柄類似物（pseudo-petiole），背面邊緣向上捲起，葉片通常為披針形。羽狀脈，有多數明顯的橫格脈。

花序為繖形狀或為圓錐花序，有多數分枝分向各方；小穗單性，小花1朵，第一小枝之頂端有小形的雄性小穗，其下著生1至多數較大形雌性小穗。

穎片薄膜質；外稃較大，重疊而邊緣互相分離，有5~9條脈；內稃整片完全或只有一部分為2齒狀，具2條脈；鱗被缺如；雄蕊6枚，直立，花絲短，花藥線形，只有頂端突出；退化雌蕊不明顯或微小；小穗很快就會掉落。

穎片薄膜質；外稃顯然較大而且堅硬，通常膨脹如梨狀，邊緣合生，僅於頂端或側面留下小孔，有5~9條脈，全面披鉤狀毛，成熟時擴大而且硬化；內稃狹窄，離生或與外稃之邊緣聯生，在種臍方向有縱向溝。

全球約有5種，均分布於舊熱帶。台灣有1種，為本屬竹種之北限。

囊稃竹

Leptaspis formosana **C. Hsu**, in Taiwania 16（2）：199~341, 1971

英 名	saccate bamboo
日 名	フクロザサ（音fu-ku-ro-zasa）

　　本種在2007年之前只有1次採集記錄，且只有採集人亦即訂名人許建昌教授本人看到過，又因為是發現於台東知本溫泉附近，自1958年初次發現並採集之後已歷50餘年，該地區經過50餘年來的改變，恐已今非昔比，面目全非。在這種情形之下本種是否還存在？倒是令人感到憂心的事。果然，據與林業試驗所植物園組鍾詩文博士談話中證實，該地區因經幾次洪水氾濫遭流失而已不存在，真是可惜！

　　但是蒼天有眼，並沒有放棄保存台灣這一塊竹類生物歧異度甚高地區的環境，讓謝春萬氏能夠於2007年，在恆春關山毛柿原始林中再度發現它的蹤跡（孫元勳等，2009），雖然株數不超過10株，但是如果有關機關能夠細心加以復育，其族群株數之增加仍將是指日可待。

形態特徵

　　多年生草本。地下莖甚短，直立而呈合軸叢生型；稈直立，圓柱狀，高40~60公分；葉鞘扁壓狀，光滑無毛；葉舌頂部平截形，具短纖毛；葉具1.0~1.5公分長之葉柄，呈扁壓狀；葉片披針形，基部漸尖，10~20公分長，1.0~1.8公分寬，兩面無毛或稍微粗糙；葉脈細但明顯，平行脈之間有橫小脈；葉片下方之葉緣及葉柄具纖毛。

↑ 囊稃竹之葉鞘扁壓狀

圓錐花序極狹細，15~22公分長，分枝少數，第一分枝扁形，1.5~4.0公分長，直立。花軸圓柱形，小枝具2小穗，鬆散排列；小穗為單性（monoecious），上方者為雄性小穗（staminate spikelets），而雌性小穗（pistilate spikelets）則在下方，側方具短柄。護穎2枚，黃褐色，卵形而先端略凹，背面稍為有毛。雌性小穗具2穎片，外穎片長1公厘，具脈1條，內穎片1.6公厘長，具3條脈；外稃膜質，長4.6公厘，兩邊不對稱，呈尖頂的洋梨（囊球）狀，球形，黃褐色，有7條被有短鉤狀毛的突起，內面具橫向隆起的細條紋；內稃較狹細，1.5公厘長，頂端2分裂，具2條龍骨線；鱗被缺如；子房被鉤狀綿毛，花柱1，0.7公厘長，柱頭3，呈羽毛狀。雄性小穗亦具2穎片，穎片1.5公厘長，有1條脈；外稃長2.3公厘，卵形，先端尖，具7條有纖毛的突起（肋）；內稃頂端2分裂，披針形，長2.4公厘，龍骨線略為有毛；花藥6枚，約1.8公厘長。

　　為台灣原生種。標本係於1958年採自知本溫泉附近，生長在海拔約100公尺的熱帶闊葉樹林下，乍看不像禾草（許建昌，1974）。

↑ 囊稃竹—花

A：花藥　C：穎果　F：小花　GI：外穎　GⅡ：內穎

I：花序（部分）　L：外稃　LI：業舌　P：內稃　PI：雌蕊

▲囊稃竹（仿並修正自C.HSU, 1971）

（中名之粗體字為本書適用之正式中名，細體字為別名或俗名，包括日本名）
（頁數部分之粗體字表示該竹種解說文出現之頁次，細體字表示該竹種出現之頁次）

英 名 索 引

（Index to English Names）（包括日本名之羅馬拼音）

各種竹類開花記錄表

註：年代之後～表示繼續

竹　種	學　名	開花年	地點	記錄者
茨竹	Bambusa arundinacea	1967	泰國	林維治
竹變	B.　beeceyana var. pubescens	1963	台灣	林維治
		1985～	台灣	呂錦明
長枝竹	B.　dolichoclada	1966	台灣	林維治
火廣竹	B.　dolichomerrithalla	1995～	台灣	呂錦明
烏腳綠竹	B.　edulis	1959	台灣	林維治
		1985～	台灣	呂錦明
蓬萊竹	B.　multiplex	1960	台灣	林維治
		1985～	台灣	呂錦明
蘇枋竹	B.　multiplex 'Alphonse Karr'	2002～	台灣	呂錦明
內文竹	B.　naibunensis	2003	台灣	呂錦明
綠竹	B.　oldhamii	1958	台灣	林維治
		1985～	台灣	呂錦明
八芝蘭竹	B.　pachinensis	1952	台灣	林維治
		1986	台灣	呂錦明
刺竹	B.　stenostachya	1966	台灣	林維治
		1986～	台灣	呂錦明
條紋大耳竹	B.　tulda 'Stripestem'	1987	台灣	呂錦明
花眉竹	B.　tuldoides	1988	台灣	呂錦明
金絲竹	B.　vulgaris var. striata	1970	馬達加斯加	林維治
		1985	台灣	呂錦明
馬來麻竹	Dendrocalamus asper	1967	泰國	林維治
巨竹	D.　giganteus	1966	馬達加斯加	林維治
		2000	台灣	呂錦明
哈彌爾頓麻竹	D.　hamiltonii	1991	台灣	呂錦明
		2009	台灣	呂錦明
麻竹	D.　latiflorus	1960	台灣	林維治
		1985～	台灣	呂錦明
緬甸麻竹	D.　membranaceus	1967	泰國	林維治
		2007	台灣	呂錦明
印度實竹	D.　strictus	1967	泰國	林維治
長舌巨草竹	Gigantochloa ligulata	1967	泰國	林維治
梨果竹	Melocanna baccifera	2008	台灣	呂錦明
布袋竹	Phyllostachys aurea	1966	台灣	林維治
		1985～	台灣	呂錦明
剛竹	Ph.　bambusoides	1966	台灣	林維治
		1986	日本	呂錦明
桂竹	Ph.　makinoi	1958	台灣	林維治
		1985～	台灣	呂錦明
孟宗竹	Ph.　pubescens	1985	台灣	呂錦明
		1986	日本	呂錦明
大明竹	Pleioblastus gramineaus	1989	台灣	呂錦明
邢氏苦竹	Pl.　hindsii	1989～	台灣	呂錦明
琉球矢竹	Pl.　linearis	1993	沖繩	呂錦明
空心苦竹	Pl.　simoni	1989～	台灣	呂錦明
包籜矢竹	Pl.　usawai	1999～	台灣	呂錦明
日本矢竹	Pseudosasa japonica	1989～	台灣	呂錦明
莎簕竹	Schizostachum diffusum	1961	台灣	林維治
		1991～	台灣	呂錦明
短枝黃金竹	Sch.　brachycladum	1971	新加坡	林維治
崗姬竹	Shibataea kumasasa	1988	台灣	呂錦明
暹邏竹	Thyrsostachys siamensis	1967	泰國	林維治
玉山矢竹	Yushania niitakayamensis	1996	台灣	呂錦明

引用文獻

· 朱石麟、馬乃訓、傅懋毅 主編　1994　中國竹類植物圖志　中國林業出版社 北京　244pp.
· 江澤慧 主編　2002　世界竹藤　遼寧科學技術出版社 瀋陽　622pp.
· 呂錦明　1996　竹類地下莖型態分類之探討　現代育林 12（1）：73～90
· 呂錦明　1997　台灣的竹類標本園及竹類公園　現代育林 13（1）：70～78
· 呂錦明　2001　內門竹名稱之探討　現代育林 16（2）：36～44
· 呂錦明　2001　竹林之培育及經營管理　行政院農業委員會林業試驗所 林業叢刊 第135號　204pp.
· 呂錦明　2002　台灣竹類家族之新成員——紫籜籐竹和囊稈竹　現代育林 17（1）：95～100
· 呂錦明　2007　台灣竹類之引進種補述　現代育林 22（1）：79～101
· 呂錦明、張添榮　2007　1980年代以後台灣引進竹類之事蹟　現代育林 22（1）：53～65
· 呂錦明、劉哲政、林文鎮　1982　孟宗竹林分更新及栽培改良試驗(1)　孟宗竹單稈立竹之生長特性
　　　台灣省林業試驗所試驗報告 第367號
· 林維治　1961　台灣竹科植物分類之研究　台灣省林業試驗所報告 第69號　144pp.
· 林維治　1964　台灣竹類之新種　台灣省林業試驗所報告 第98號　28pp.
· 林維治　1967　台灣竹之種類及其分布　台灣林業季刊 3（2）：1～20
· 林維治　1968　泰國之竹　台灣省林業試驗所特種研究報告 第6號　52pp.
· 林維治　1974　竹花形態之研究　台灣省林業試驗所報告 第248號　117pp.
· 林維治　1976　台灣竹亞科植物之分類（續）　台灣省林業試驗所報告 第271號　75pp.
· 柳昭蕙 主編　2004　恆青如竹　台灣六大經濟竹材的全材利用（上）——桂竹、孟宗竹
　　　南投縣政府出版　135pp.
· 國立台灣大學農學院實驗林管理處　1980　溪頭森林遊樂區之竹類　158pp.
· 許建昌　1978　台灣的禾草　台灣常見植物圖鑑 第七卷　台灣省教育會
· 畢培曦、賈良智、馮學林、胡秀英　1985　香港竹譜　香港市政局　83pp.
· 陳　嶸　1984　竹的種類及栽培利用　中國林業出版社　342pp.
· 楊再義　1973　台灣植物名彙（初版）　929pp.
· 溫太輝 主編　1993　中國竹類彩色圖鑑　淑馨出版社 台北　339pp.
· 新竹縣政府 編印　1993　新竹縣竹類公園　74pp.
· 上田弘一郎　1963　有用竹と筍——栽培の新技術　博友社
· 上田弘一郎　1964　竹林の施肥による增產　竹 3：9－11
· 室井綽、岡村はた　1977　タケ・ササ　家の光協會 東京　158pp.
· 岡村はた編著　1991　原色日本園藝竹笹總圖說　はあと出版 和歌山　382pp.
· 鈴木貞雄　1978　日本タケ科植物總目錄　學習研究社 東京　84pp.
· Clayton, W. D. and S. A. Renvoize 1986 **Genera Graminum, Grasses of the World**. Kew Bulletin Additional Series XIII.
· Gamble, J. S. 1896　**The Bambuseae of British India**. Annals of Royal Botanic Garden, Culcutta. Vol. VII, Bengal Secretariat Press, Culcutta. 140pp. 119 plates.
· Hsu, C.C. 1971　**A Guide to the Taiwan Grasses, with Key to the Subfamilies, Tribes, Genera and Species**. Taiwania 16（2）：199～341
· Lin, W. C. 1978　**Subfamily 6. Bambusoideae**. in Flora of Taiwan, Vol. V. 706～783, Epoch Publishing Co., Taipei, Taiwan
· McClure, F. A. 1966　**The bamboos－A fresh perspective**. Harvard Univ. Press, Cambridge, 347pp.
· Munro, W. 1868　**A monograph of the Bambusaceae**. Reprint of the Linnean Society of London, Transaction, Vol. 26, Johnson Reprint Corp. New York, 1966, 157pp. 6 pl.
· Ohrnberger, D. and J. Goerrings 1985～1987（1990 1st print）　**Bamboo of the World**. International Book Distributors, India. 1010pp.
· Wang, Dajun and S. J. Shen 1987　**Bamboos of China**. Timber Press, Oregon, 167pp.

國家圖書館出版品預行編目資料

台灣竹圖鑑／呂錦明作.--初版.--台中市：晨星，
2010. 10
面；公分. --（台灣自然圖鑑；013）
參考書目：面
含索引
ISBN　978-986-177-404-6（平裝）
1.竹　2.植物圖鑑　3.台灣

　　　435.423025　　　　　　　990111976

台灣自然圖鑑　013

台灣竹圖鑑

作者	呂錦明
主編	徐惠雅
執行編輯	許裕苗
選題企劃	許裕苗
美術編輯	李敏慧
封面設計	黃聖文

創辦人	陳銘民
發行所	晨星出版有限公司
	台中市407工業區30路1號
	TEL：04-23595820　FAX：04-23550581
	E-mail：service@morningstar.com.tw
	http://www.morningstar.com.tw
	行政院新聞局局版台業字第2500號
法律顧問	陳思成律師
初版	西元2010年09月10日
	西元2017年06月23日（二刷）

郵政劃撥	22326758（晨星出版有限公司）
讀者服務專線	（04）23595819#230
印刷	上好印刷股份有限公司

定價 590 元

ISBN　978-986-177-404-6
Published by Morning Star Publishing Inc.
Printed in Taiwan